KB102775

완전타파 과정 중심

서술형 문제

김진호 · 박기범 공저

6학년 2학기

교육과학사

이 책에 대하여

서술형 문제! 왜 필요한가?

　과거에는 수학에서도 계산 방법을 외워 숫자를 계산 방법에 대입하여 답을 구하는 지식 암기 위주의 학습이 많았습니다. 그러나 국제 학업 성취도 평가인 PISA와 TIMSS의 평가 경향이 바뀌고 싱가폴을 비롯한 선진국의 교과교육과정과 우리나라 학교 교육과정이 개정되며 암기 위주에서 벗어나 창의성을 강조하는 방향으로 변경되고 있습니다. 평가 방법에서는 기존의 선다형 문제, 주관식 문제에서 벗어나 서술형 문제가 도입되었으며 갈수록 그 비중이 커지는 추세입니다. 자신이 단순히 알고 있는 것을 확인하는 것에서 벗어나 아는 것을 논리적으로 정리하고 표현하는 과정과 의사소통능력을 중요시하게 되었습니다. 즉, 앞으로는 중요한 창의적 문제 해결 능력과 개념을 논리적으로 설명하는 능력을 길러주기 위한 학습과 그에 대한 평가가 필요합니다.

이 책의 특징은 다음과 같습니다.

　계산을 아무리 잘하고 정답을 잘 찾아내더라도 서술형 평가에서 요구하는 풀이과정과 수학적 논리성을 갖춘 문장구성능력이 미비할 경우에는 높은 점수를 기대하기 어렵습니다. 또한 문항을 우연히 맞추거나 개념이 정립되지 않고 애매하게 알고 있는 상태에서 운 좋게 맞추는 경우, 같은 내용이 다른 유형으로 출제되거나 서술형으로 출제되면 틀릴 가능성이 더 높습니다. 이것은 수학적 원리를 이해하지 못한 채 문제 풀이 방법만 외웠기 때문입니다. 이 책은 단지 문장을 서술하는 방법과 내용을 외우는 것이 아니라 문제를 해결하는 과정을 읽고 쓰며 논리적인 사고력을 기르도록 합니다. 즉, 이 책은 수학적 문제 해결 과정을 중심으로 서술형 문제를 연습하며 기본적인 수학적 개념을 바탕으로 사고력을 길러주기 위하여 만들게 되었습니다.

이 책의 구성은 이렇습니다.

　이 책은 각 단원별로 중요한 개념을 바탕으로 크게 '기본 개념', '오류 유형', '연결성' 영역으로 구성되어 있으며 필요에 따라 각 영역이 가감되어 있고 마지막으로 '창의성' 영역이 포함되어 있습니다. 각각의 영역은 '개념쏙쏙', '첫걸음 가볍게!', '한 걸음 두 걸음!', '도전! 서술형!', '실전! 서술형!'의 다섯 부분으로 구성되어 있습니다. '개념쏙쏙'에서는 중요한 수학 개념 중에서 음영으로 된 부분을 따라 쓰며 중요한 것을 익히거나 빈칸으로 되어 있는 부분을 채워가며 개념을 익힐 수 있습니다. '첫걸음 가볍게!'에서는 앞에서 익힌 것을 빈칸으로 두어 학생 스스로 개념을 써보는 연습을 하고, 뒷부분으로 갈수록 빈칸이 많아져 문제를 해결하는 과정을 전체적으로 서술해보도록 합니다. '창의성' 영역은 단원에서 익힌 개념을 확장해보며 심화적 사고를 유도합니다. '나의 실력은' 영역은 단원 평가로 각 단원에서 학습한 개념을 서술형 문제로 해결해보도록 합니다.

이 책의 활용 방법은 다음과 같습니다.

이 책에 제시된 서술형 문제를 '개념쏙쏙', '첫걸음 가볍게!', '한 걸음 두 걸음!', '도전! 서술형!', '실전! 서술형!'의 단계별로 차근차근 따라가다 보면 각 단원에서 중요하게 여기는 개념을 중심으로 문제를 해결할 수 있습니다. 이 때 문제에서 중요한 해결 과정을 서술하는 방법을 익히도록 합니다. 각 단계별로 진행하며 앞에서 학습한 내용을 스스로 서술해보는 연습을 통해 문제 해결 과정을 익힙니다. 마지막으로 '나의 실력은' 영역을 해결해 보며 앞에서 학습한 내용을 점검해 보도록 합니다.

또다른 방법은 '나의 실력은' 영역을 먼저 해결해 보며 학생 자신이 서술할 수 있는 내용과 서술이 부족한 부분을 확인합니다. 그 다음에 자신이 부족한 부분을 위주로 공부를 시작하며 문제를 해결하기 위한 서술을 연습해보도록 합니다. 그리고 남은 부분을 해결하며 단원 전체를 학습하고 다시 한 번 '나의 실력은' 영역을 해결해 봅니다.

문제에 대한 채점은 이렇게 합니다.

서술형 문제를 해결한 뒤 채점할 때에는 채점 기준과 부분별 배점이 중요합니다. 문제 해결 과정을 바라보는 관점에 따라 문제의 채점 기준은 약간의 차이가 있을 수 있고 문항별로 만점이나 부분 점수, 감점을 받을 수 있으나 이 책의 서술형 문제에서 제시하는 핵심 내용을 포함한다면 좋은 점수를 얻을 수 있을 것입니다. 이에 이 책에서는 문항별 채점 기준을 따로 제시하지 않고 핵심 내용을 중심으로 문제 해결 과정을 서술한 모범 예시 답안을 작성하여 놓았습니다. 또한 채점을 할 때에 학부모님께서는 문제의 정답에만 집착하지 마시고 학생과 함께 문제에 대한 내용을 묻고 답해보며 학생이 이해한 내용에 대해 어떤 방법으로 서술했는지를 같이 확인해 보며 부족한 부분을 보완해 나간다면 더욱 좋을 것입니다.

이 책을 해결하며 문제에 나와 있는 숫자들의 단순 계산보다는 이해를 바탕으로 문제의 해결 과정을 서술하는 의사소통 능력을 키워 일반 학교에서의 서술형 문제에 대한 자신감을 키워나갈 수 있으면 좋겠습니다.

저자 일동

차례

1. 쌓기나무

개념 쏙쏙!

✏️ 다음과 같이 쌓을 때 필요한 쌓기나무는 모두 몇 개인지 두 가지 방법으로 구하시오.

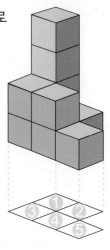

1 각 자리에 쌓인 쌓기나무의 수로 설명해 봅시다.

①번 자리에 ☐ 개, ②번 자리에 ☐ 개, ③번 자리에 ☐ 개, ④번 자리에 ☐ 개, ⑤번 자리에 ☐ 개가 쌓여 있습니다. 따라서 모두 ☐ 개입니다.

2 각 층에 쌓인 쌓기나무의 수로 설명해 봅시다.

1층에 ☐ 개, 2층에 ☐ 개, 3층에 ☐ 개, 4층에 ☐ 개입니다.

따라서 모두 ☐ 개입니다.

정리해 볼까요?

쌓기나무의 수 알아보기

각 자리에 쌓인 쌓기나무의 수로 알아보면 ①번 자리에 ☐ 개, ②번 자리에 ☐ 개, ③번 자리에 ☐ 개, ④번 자리에 ☐ 개, ⑤번 자리에 ☐ 개가 쌓여 있습니다. 따라서 모두 ☐ 개입니다.

각 층에 쌓인 쌓기나무의 수로 알아보면 1층에 개, 2층에 개, 3층에 개, 4층에 ☐ 개입니다. 따라서 모두 ☐ 개입니다.

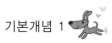

첫걸음 가볍게!

✏️ 다음과 같이 쌓을 때 필요한 쌓기나무는 모두 몇 개인지 두 가지 방법으로 구하시오.

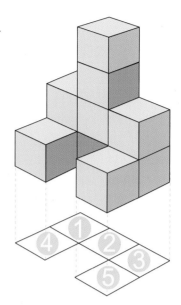

1 각 자리에 쌓인 쌓기나무의 수로 설명해 봅시다.

①번 자리에 ▢ 개, ②번 자리에 ▢ 개, ③번 자리에 ▢ 개, ④번 자리에 ▢ 개, ⑤번 자리에 ▢ 개가 쌓여 있습니다. 따라서 모두 ▢ 개입니다.

2 각 층에 쌓인 쌓기나무의 수로 설명해 봅시다.

1층에 ▢ 개, 2층에 ▢ 개, 3층에 ▢ 개, 4층에 ▢ 개입니다.
따라서 모두 ▢ 개입니다.

3 위 모양을 만들기 위해 몇 개의 쌓기나무가 사용되었는지 두 가지 방법으로 설명하시오.

① 각 자리에 쌓인 쌓기나무의 수로 알아보면 ①번 자리에 ▢ 개, ②번 자리에 ▢ 개, ③번 자리에 ▢ 개, ④번 자리에 ▢ 개, ⑤번 자리에 ▢ 개가 쌓여 있습니다. 따라서 모두 ▢ 개입니다.

② 각 층에 쌓인 쌓기나무의 수로 알아보면 1층에 ▢ 개, 2층에 ▢ 개, 3층에 ▢ 개, 4층에 ▢ 개입니다. 따라서 모두 ▢ 개입니다.

한 걸음 두 걸음!

✏️ 다음과 같이 쌓을 때 필요한 쌓기나무는 모두 몇 개인지 두 가지 방법으로 구하시오.

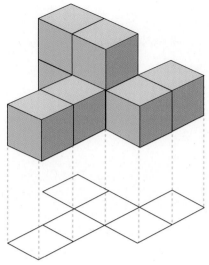

1 각 자리에 쌓인 쌓기나무의 수로 설명해 봅시다.

```
_____

_____ 입니다.

따라서 모두 _____개입니다.
```

2 각 층에 쌓인 쌓기나무의 수로 설명해 봅시다.

```
_____ 입니다.

따라서 모두 _____개입니다.
```

3 위 모양을 만들기 위해 몇 개의 쌓기나무가 사용되었는지 두 가지 방법으로 설명하시오.

① _____ 쌓기나무의 수로 알아보면 ①번 자리에 2개, ②번 자리에 2개, ③번 자리에 1개,

④번 자리에 1개, ⑤번 자리에 1개, ⑥번 자리에 1개가 쌓여 있습니다. 따라서 모두 _____개입니다.

② _____ 쌓기나무의 수로 알아보면 1층에 6개, 2층에 2개입니다.

따라서 모두 _____개입니다.

도전! 서술형!

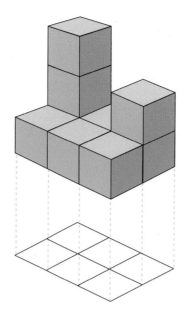

다음과 같이 쌓을 때 필요한 쌓기나무는 모두 몇 개인지 두 가지 방법
으로 구하시오.

1 (   ) 쌓기나무의 수로 설명해 봅시다.

2 (   ) 쌓기나무의 수로 설명해 봅시다.

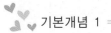

실전! 서술형!

✎ 다음과 같이 쌓을 때 필요한 쌓기나무는 모두 몇 개인지 두 가지 방법으로 구하시오.

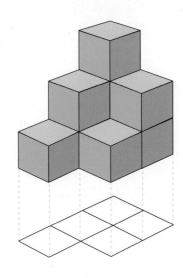

1. 쌓기나무(기본개념 2)

개념 쏙쏙!

✎ 그림과 같이 쌓은 모양을 보고 옆에서 본 모양을 모두 그리고 그 이유를 설명해 봅시다.

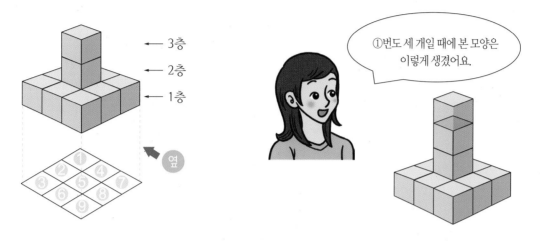

①번도 세 개일 때에 본 모양은 이렇게 생겼어요.

1 쌓기나무의 개수를 알 수 없는 위치는 어느 곳인지 선택하고, 그 이유를 설명해 봅시다.

> 쌓기나무에서 ①번은 ⑤번의 3개로 가려져 있어서 몇 개인지 알 수 없습니다.

2 ①번이 한 개일 때와 두 개일 때 옆에서 본 모양을 그리고 그 이유를 설명해 봅시다.

①번이 한 개일 때   ①번이 두 개일 때

⑤번의 쌓기나무가 3개이므로 그 뒤에 있는 ①번의 쌓기나무의 수는 3개보다 적은 1개에서 2개까지로 추측해 볼 수 있습니다.

정리해 볼까요?

가려진 쌓기나무 모양 설명하기

쌓기나무 그림에서 ⑤번의 쌓기나무로 가려져 있어서 ①번의 쌓기나무 수를 알 수 없습니다. ⑤번의 쌓기나무가 3개이므로 그 뒤에 있는 ①번의 쌓기나무의 수는 3개보다 적은 1개에서 2개까지로 추측해 볼 수 있습니다. 따라서 나올 수 있는 옆면의 모양은 모두 2가지입니다.

첫걸음 가볍게!

✏️ 그림과 같이 쌓은 모양을 보고 옆에서 본 모양을 모두 그리고 그 이유를 설명해 봅시다.

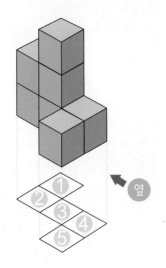

1 쌓기나무의 개수를 알 수 없는 위치는 어느 곳인지 선택하고, 그 이유를 설명해 봅시다.

> 쌓기나무에서 [ ]번은 [ ]번의 3개로 가려져 있어서 몇 개인지 알 수 없습니다.

2 쌓기나무를 옆에서 본 모양을 그리고 그 이유를 설명해 봅시다.

> ③번의 쌓기나무가 3개이므로 그 뒤에 있는 ①번의 쌓기나무의 수는 [ ]개보다 적은 [ ]개에서 [ ]개까지로 추측해 볼 수 있습니다.
>
> ①번이 [ ]개일 때   ①번이 [ ]개일 때

3 위 모양을 만들기 위해 몇 개의 쌓기나무가 사용되었는지 여러 가지 방법으로 설명하시오.

① 쌓기나무 그림에서 ①번은 ③번의 3개로 가려져 있어서 몇 개인지 알 수 없습니다. 따라서 ①번의 개수는 [ ]개보다 적은 [ ]개에서 [ ]개까지입니다. 따라서 나올 수 있는 옆면의 모양은 모두 [ ]가지입니다.

한 걸음 두 걸음!

✏️ 그림과 같이 쌓은 모양을 보고 옆에서 본 모양을 모두 그리고 그 이유를 설명해 봅시다.

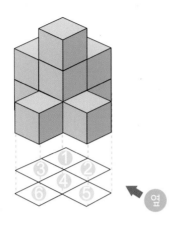

1 위의 쌓기나무를 옆에서 봤을 때 나올 수 있는 모양을 그려 봅시다.

2 1번과 같이 그린 이유를 설명해 봅시다.

쌓기나무에서 _____ 몇 개인지 알 수 없습니다.

따라서 _____ 입니다. 그러나 ②번의 2개로

인해 옆에서 보면 항상 2칸이 보입니다. 따라서 나올 수 있는 옆면의 모양은 모두 [   ]가지입니다.

3 위의 쌓기나무를 보고 가능한 모양을 그리고 그 이유를 설명해 봅시다.

쌓기나무에서 _____

몇 개인지 알 수 없습니다. 따라서 _____

입니다. 그러나 _____ 옆에서 본 모양은

항상 2칸이 보입니다. 따라서 나올 수 있는 옆면의 모양은 모두 [   ]가지입니다.

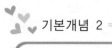

도전! 서술형!

🖊 그림과 같이 쌓은 모양을 보고 앞에서 본 모양을 모두 그리고 그 이유를 설명해 봅시다.

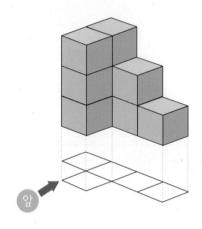

1 위의 쌓기나무를 앞에서 보고 나올 수 있는 모양을 그려 봅시다.

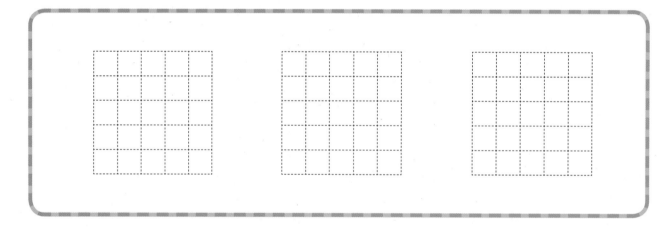

2 1번과 같이 그린 이유를 설명해 봅시다.

실전! 서술형!

✏️ 그림과 같이 쌓은 모양을 보고 옆에서 본 모양을 모두 그리고 그 이유를 설명해 봅시다.

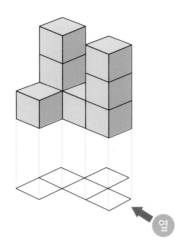

1. 쌓기나무(기본개념 3)

쌓기나무로 쌓은 모양을 위, 앞, 옆에서 본 그림입니다. 쌓기나무가 가장 적은 경우의 쌓기나무 수를 구하고 그 이유를 설명해 봅시다.

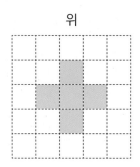
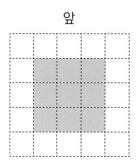
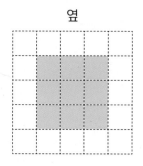

1 위에서 본 모양에서 각 자리별로 쌓기나무의 쌓인 개수를 적어봅시다.

앞에서 본 모양을 보면 ②번, ④번의 쌓기나무는 항상 3개입니다.

옆에서 본 모양을 보면 ①번, ⑤번의 쌓기나무는 항상 3개입니다.

2 쌓기나무의 개수를 알 수 없는 곳의 쌓기나무 수를 예상하여 가장 적은 경우의 수를 설명해 봅시다.

③번 자리의 쌓기나무는 앞과 옆에서 본 모양에서 3개를 넘을 수 없으므로 1개~3개

입니다. 따라서 가장 적은 경우는 3번이 1개인 경우인 13개입니다.

정리해 볼까요?

쌓기나무가 가장 적은 경우의 쌓기나무 수 설명하기

앞, 옆의 그림으로 보아 ①번, ②번, ④번, ⑤번의 수는 모두 3개입니다.

③번의 경우 1~3개까지 있을 수 있으므로 가장 적은 경우는 ③번이 1개일 때인 13개입니다.

첫걸음 가볍게!

✏️ 쌓기나무로 쌓은 모양을 위, 앞, 옆에서 본 그림입니다. 쌓기나무가 가장 적은 경우의 쌓기나무 수를 구하고 그 이유를 설명해 봅시다.

위	앞	옆
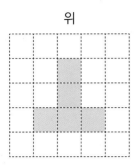	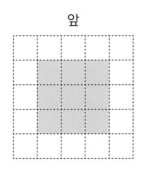	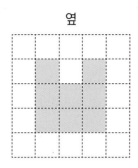

1 위에서 본 모양에서 각 자리별로 쌓기나무의 쌓인 개수를 적어봅시다.

앞에서 본 모양을 보면 ③번, ⑤번의 쌓기나무는 항상 ☐ 개입니다.

옆에서 본 모양을 보면 ②번의 쌓기나무는 항상 ☐ 개, ①번의 쌓기나무는 항상 ☐ 개입니다.

2 쌓기나무의 개수를 알 수 없는 곳의 쌓기나무 수를 예상하여 가장 적은 경우의 수를 설명해 봅시다.

④번 자리의 쌓기나무는 앞과 옆에서 본 모양에서 3개를 넘을 수 없으므로 ☐ 개 ~ ☐ 개입니다. 따라서 가장 적은 경우는 ④번이 ☐ 개인 경우인 ☐ 개입니다.

3 위의 모양을 보고 쌓기나무의 수가 가장 적은 경우의 수를 설명해 봅시다.

앞, 옆의 그림으로 보아 ①번, ③번, ⑤번의 수는 모두 ☐ 개이고 ②번의 수의 ☐ 개입니다. ④번 자리의 쌓기나무는 앞과 옆에서 본 모양에서 3개 넘을 수 없으므로 ☐ 개 ~ ☐ 개입니다. 따라서 가장 적은 경우는 ④번이 ☐ 개인 경우인 ☐ 개입니다.

한 걸음 두 걸음!

✎ 쌓기나무로 쌓은 모양을 위, 앞, 옆에서 본 그림입니다. 쌓기나무가 가장 적은 경우의 쌓기나무 수를 구하고 그 이유를 설명해 봅시다.

위   앞   옆

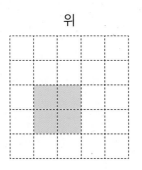 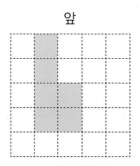 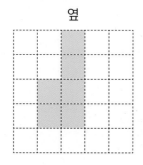

1 위에서 본 모양에서 각 자리별로 쌓기나무의 쌓인 개수를 적어봅시다.

> 앞에서 본 모양에서 ①번, ③번 중의 한 가지는 4개이고 옆에서 본 모양에서
>
> _____ 라는 것을 알 수 있습니다.
>
> 앞에서 본 모양에서 ②번, ④번 중의 한 가지는 2개이고 옆에서 본 모양에서
>
> _____ 라는 것을 알 수 있습니다.

2 쌓기나무의 개수를 알 수 없는 곳의 쌓기나무 수를 예상하여 가장 적은 경우의 수를 설명해 봅시다.

> 앞에서 본 모양에서 ②번은 2개보다 많을 수가 없고 옆에서 본 모양에서 ③번
>
> 은 2개보다 많을 수가 없습니다.
>
> 따라서 ②번과 ③번은 ☐ 개 ~ ☐ 개이고 가장 적은 경우는
>
> _____입니다.

3 위의 모양을 보고 쌓기나무의 개수가 가장 적은 경우의 수를 설명해 봅시다.

앞, 옆의 그림으로 보아 _____입니다. 앞에서 본 모양에서 ②번은 2개를 넘

을 수가 없고 옆에서 본 모양에서 ③번은 2개를 넘을 수가 없습니다. 따라서 ②번과 ③번은 ☐ 개 ~ ☐

개이고 가장 적은 경우는 _____입니다.

도전! 서술형!

🖊 쌓기나무로 쌓은 모양을 위, 앞, 옆에서 본 그림입니다. 쌓기나무가 가장 적은 경우의 쌓기나무 수를 구하고 그 이유를 설명해 봅시다.

위   앞   옆

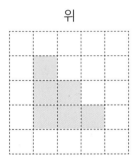  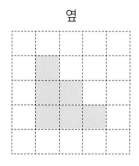

1   위에서 본 모양에서 각 자리별로 쌓기나무의 쌓인 개수를 적어봅시다.

2   쌓기나무의 개수를 알 수 없는 곳의 쌓기나무 수를 예상하여 가장 적은 경우의 수를 설명해 봅시다.

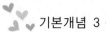

실전! 서술형!

쌓기나무로 쌓은 모양을 위, 앞, 옆에서 본 그림입니다. 쌓기나무가 가장 적은 경우의 쌓기나무 수를 구하고 그 이유를 설명해 봅시다.

위

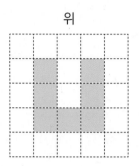

앞

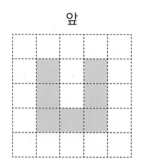

옆

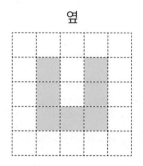

Jumping Up! 창의성!

✏️ 앞에서 본 모양, 옆에서 본 모양을 보고 빈칸에 알맞은 펜토미노의 기호를 쓰시오.

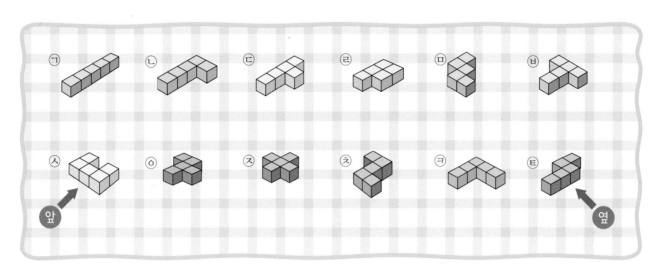

	앞에서 본 모양	옆에서 본 모양	펜토미노
1			㉠
2			㉡, ㉢, ㉣
3			
4			
5			

나의 실력은?

1 다음과 같이 쌓을 때 필요한 쌓기나무는 모두 몇 개인지 두 가지 방법으로 구하시오.

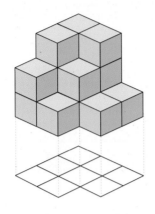

2 아래 그림과 같이 쌓은 모양을 보고 가능한 앞에서 본 모양을 모두 그리고 그렇게 생각한 이유를 설명해 봅시다.

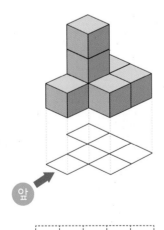

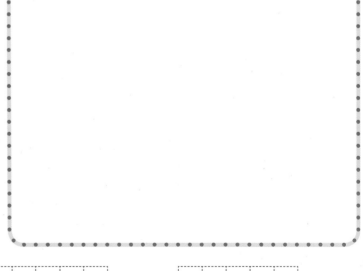

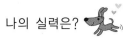

3 쌓기나무로 쌓은 모양을 위, 앞, 옆에서 본 그림입니다. 쌓기나무가 가장 적은 경우의 쌓기나무 수를 구하고 그 이유를 설명해 봅시다.

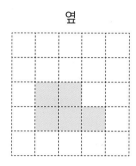

2. 비례식과 비례배분

2. 비례식과 비례배분(기본개념 1)

개념 쏙쏙!

✏️ 과자 3개가 2000원일 때, 과자 12개의 가격은 얼마인지 여러 가지 방법으로 구하고 설명해 봅시다.

1 비의 성질을 이용하여 과자의 가격을 구하고 설명해 봅시다.

> 3 : 2000의 전항과 후항에 각각 4를 곱하면,
>
> 3 × 4 : 2000 × 4 = 12 : 8000이므로 과자 12개의 가격은 8000원입니다.

2 비례식을 이용하여 과자의 가격을 구하고 설명해 봅시다.

> 과자 12개의 값을 ☐원이라 하고, 비례식을 세우면 3:2000 = 12 : ☐입니다.
>
> 외항의 곱과 내항의 곱이 같으므로 3 × ☐ = 2000 × 12입니다.
>
> 따라서 ☐ = 8000(원)입니다.

정리해 볼까요?

과자 12개의 가격 구하기

① 비의 성질을 이용하여 과자의 가격을 구하면 3 : 2000의 전항과 후항에 각각 4를 곱하면, 3 × 4 : 2000 × 4 = 12 : 8000이므로 과자 12개의 가격은 8000원입니다.

② 비례식을 이용하여 과자의 가격을 구하면 과자 12개의 값을 ☐원이라 하고, 비례식을 세우면 3 : 2000 = 12 : ☐입니다. 외항의 곱과 내항의 곱이 같으므로 3 × ☐ = 2000 × 12입니다. 따라서 ☐ = 8000(원)입니다.

첫걸음 가볍게!

✏️ 은수는 21일 동안 용돈을 30000원을 받습니다. 매일 똑같은 양의 용돈을 받는다고 할 때 7일 동안 받을 수 있는 용돈은 얼마인지 여러 가지 방법으로 구하고 설명해 봅시다.

1 비의 성질을 이용하여 7일 동안 받을 수 있는 용돈을 구하고 설명해 봅시다.

21 : 30000의 [   ]과 [   ]을 각각 [   ](으)로 나누면,

21 ÷ [   ] : 30000 ÷ [   ] = 7 : 10000이므로 7일 동안 받을 수 있는 용돈은 [   ](원)입니다.

2 비례식을 이용하여 7일 동안 받을 수 있는 용돈을 구하고 설명해 봅시다.

7일 동안 받을 수 있는 용돈을 □원이라 하고, 비례식을 세우면 21 : 30000 = 7 : □입니다.

[   ]과 [   ]이 같으므로 [   ] = [   ]입니다.

따라서 □ = [   ](원)입니다.

3 7일 동안 받을 수 있는 용돈을 구하는 방법을 설명하시오.

① 비의 성질을 이용하여 7일 동안 받을 수 있는 용돈을 구하면 21 : 30000의 [   ]과 [   ]을

각각 [   ]으로 나누어야 합니다. 21 ÷ [   ] : 30000 ÷ [   ] = 7 : 10000이므로 7일 동안

받을 수 있는 용돈은 [   ](원)입니다.

② 비례식을 이용하여 7일 동안 받을 수 있는 용돈을 구하면 7일 동안 받을 수 있는 용돈을 □원이라 할 때 비례

식을 세우면 21 : 30000 = 7 : □입니다. [   ]과 [   ]이 같으므로 [   ] =

[   ]입니다. 따라서 □ = [   ](원)입니다.

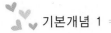

한 걸음 두 걸음!

✏️ 민지는 빠른 걸음으로 15분 동안 1.2㎞를 걸을 때, 2시간 동안 빠른 걸음으로 걸을 수 있는 거리는 얼마인지 여러 가지 방법으로 구하고 설명해 봅시다.

1 비의 성질을 이용하여 걸을 수 있는 거리를 구하고 설명해 봅시다.

> 2시간은 120분으로 15분의 8배입니다.
>
> _____
>
> _____
>
> 민지가 걸을 수 있는 거리는 ⬚ (㎞)입니다.

2 비례식을 이용하여 걸을 수 있는 거리를 구하고 설명해 봅시다.

> 2시간 동안 걸을 수 있는 거리를 ⬚㎞라 하고, _____
>
> _____
>
> _____
>
> 따라서 ⬚ = ⬚ (㎞)입니다.

3 민지가 2시간 동안 걸을 수 있는 거리를 설명하시오.

① _____민지가 2시간 동안 걸을 수 있는 거리를 구하기 위해 15분의 8배를 하여 2시간(120분)을 만들어야 합니다. 즉, 15 : 1.2의 전항과 후항에 각각 8을 곱해야 합니다. 15 × 8 : 1.2 × 8 = 120 : 9.6이므로 민지가 빠른 걸음으로 걸을 수 있는 거리는 9.6(㎞)입니다.

② _____민지가 2시간 동안 걸을 수 있는 거리를 구하려면 2시간 동안 걸을 수 있는 거리를 ⬚㎞이라 하고, 비례식을 세웁니다. 15 : 1.2 = 120 : ⬚에서 외항의 곱과 내항의 곱이 같으므로 15 × ⬚ = 1.2 × 120입니다. 따라서 ⬚ = 9.6(㎞)입니다.

도전! 서술형!

✏️ 배 6개의 무게가 10kg일 때, 배 30개의 무게는 얼마인지 여러 가지 방법으로 구하고 설명해 봅시다.

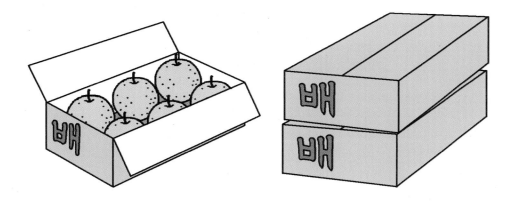

1 (   ) 배 30개의 무게를 구하고 설명해 봅시다.

2 (   ) 배 30개의 무게를 구하고 설명해 봅시다.

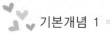

실전! 서술형!

음료수 30병의 가격은 20000원입니다. 음료수 6병을 살 때의 가격은 얼마인지 두 가지 방법으로 구하시오.

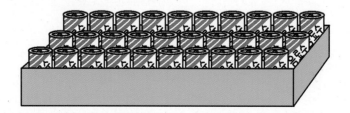

2. 비례식과 비례배분(오류유형 1)

개념 쏙쏙!

현수네 학교의 학생은 모두 306명입니다. 남학생 수와 여학생 수의 비가 8:9일 때 비례배분으로 남학생의 수를 구하는 과정입니다. 잘못된 점을 설명하고 남학생 수를 바르게 구하시오.

남학생은 전체 학생의 $\frac{8}{9}$ 이기 때문에
$\frac{8}{9} \times 306 = 272$명입니다.

1 잘못된 점을 찾아 설명해 봅시다.

비례배분을 할 때에는 주어진 비의 전항과 후항의 합을 분모로 하는 분수의 비로 계산해야 하는데, 남학생과 여학생의 비를 비율로 나타내어 남학생의 수를 구했습니다.

2 남학생의 수를 구해 봅시다.

비례배분을 할 때에는 주어진 비의 전항과 후항의 합을 분모로 하는 분수의 비로 계산해야 하므로 $\frac{8}{8+9} \times$ 306을 해야 합니다. 따라서 남학생의 수는 $\frac{8}{8+9} \times 306 = \frac{8}{17} \times 306 = 144$(명)입니다.

정리해 볼까요?

비례배분으로 남학생의 수 구하기

비례배분을 할 때에는 주어진 비의 전항과 후항의 합을 분모로 하는 분수의 비로 계산해야 하는데, 남학생과 여학생의 비를 비율로 나타내어 남학생의 수를 구했습니다. 따라서 남학생의 수는 $\frac{8}{8+9} \times 306 = \frac{8}{17} \times 306 = 144$(명)입니다.

첫걸음 가볍게!

✏️ 실험을 위해 설탕 36g을 모둠별 인원수에 따라 나누려고 합니다. 지혜네 모둠은 4명이고 명호네 모둠은 5명입니다. 지혜네 모둠이 받을 설탕의 양을 구하는 과정에서 잘못된 점을 설명하고 설탕의 양을 바르게 구하시오.

> 지혜네 모둠은 4명이고 전체 학생의 $\dfrac{4}{4 \times 5}$ 이기 때문에
>
> 지혜네 모둠이 받을 설탕의 양은 $\dfrac{4}{4 \times 5} \times 36 = \dfrac{4}{20} \times 36 = 7.2$g입니다.

1 잘못된 점을 찾아 설명해 봅시다.

> 비례배분을 할 때에는 주어진 비의 [   ]을 분모로 하는 분수의 비로 계산해야 하는데, 전항과 후항의 곱을 분모로 하는 분수의 비로 설탕의 양을 구했습니다.

2 지혜네 모둠이 받을 설탕의 양을 구해 봅시다.

> 비례배분을 할 때에는 주어진 비의 [   ]을 분모로 하는 분수의 비로 계산해야 하므로 [   ] $\times 36$을 해야 합니다. 따라서 지혜네 모둠이 받을 설탕의 양은 $\dfrac{4}{4+5} \times 36 = \dfrac{4}{9} \times 36 =$ [   ](g) 입니다.

3 잘못된 점을 설명하고 지혜네 모둠이 받을 설탕의 양을 바르게 구하시오.

비례배분을 할 때에는 주어진 비의 [   ]을 분모로 하는 분수의 비로 계산해야 하는데, 전항과

후항의 곱을 분모로 하는 분수의 비로 설탕의 양을 구했습니다. 따라서 지혜네 모둠이 받을 설탕의 양은 [   ]

$\times 36 = \dfrac{4}{9} \times 36 =$ [   ](g)입니다.

한 걸음 두 걸음!

도화지 760장을 우리 반과 옆 반의 학생 수에 따라 나누어 주려고 합니다. 우리 반 학생은 18명이고 옆 반 학생은 20명입니다. 우리 반이 받을 도화지의 수를 구하는 과정에서 잘못된 점을 설명하고 도화지의 수를 바르게 구하시오.

> 우리 반과 옆 반의 학생의 수를 간단한 자연수의 비로 고치면 $9 : 10$입니다.
>
> 우리 반이 받아야 하는 도화지의 수는 $\dfrac{18}{9+10} \times 760 = \dfrac{18}{19} \times 760 = 720$장입니다.

1 잘못된 점을 찾아 설명해 봅시다.

비례배분을 할 때에는 _____

_____로 계산해야 합니다. 간단한 자연수의 비로 고친 후 전항과 후항의 합을 분모로 하였으나 분자는 고치기 전의 비를 사용하여 도화지의 수를 구했습니다.

2 우리 반이 받아야 하는 도화지의 수를 구해 봅시다.

비례배분을 할 때에는 _____

_____로 계산해야 합니다. 간단한 자연수의 비로 고친 후의 전항과 후항의 비를 사용하면

_____을 해야 합니다. 따라서 우리 반이 받아야 하는 도화지의 수는 $\dfrac{9}{9+10} \times 760 = \dfrac{9}{19}$

$\times 760 =$ ☐ (장)입니다.

3 잘못된 점을 설명하고 우리 반이 받아야 하는 도화지의 수를 바르게 구하시오.

비례배분을 할 때에는 _____

_____로 계산해야 합니다. 간단한 자연수의 비로 고친 후 전항과 후항의 합을 분모로 하

였으나 분자는 고치기 전의 비를 사용하여 도화지의 수를 구했습니다. 따라서 우리 반이 받아야 하는 도화지의

수는 _____ (장)입니다.

도전! 서술형!

✏️ 사과 84개를 지현이네 집과 효진이네 집의 가족 수에 따라 나누어 주려고 합니다. 지현이네 가족은 3명, 효진이네 가족은 4명입니다. 지현이네 집이 받을 사과의 수를 구하는 과정에서 잘못된 점을 설명하고 사과의 수를 바르게 구하시오.

> 지현이네 가족은 3명이고 전체의 $\dfrac{3}{3 \times 4}$이기 때문에
>
> 지현이네 가족이 받을 사과의 수는 $\dfrac{3}{3 \times 4} \times 84 = \dfrac{3}{12} \times 84 = 21$개입니다.

1 잘못된 점을 찾아 설명해 봅시다.

2 지현이네 집이 받을 사과의 수를 구해 봅시다.

실전! 서술형!

형과 동생이 어머니의 생신에 30,000원짜리 선물을 살 때 형과 동생이 3 : 2로 나누어 돈을 내려고 합니다. 형이 낼 돈을 구하는 과정을 보고 잘못된 점을 설명하고 형이 낼 돈을 바르게 구하시오.

형이 낼 돈은 전체의 $\frac{2}{3}$이기 때문에

$\frac{2}{3} \times 30{,}000 = 20{,}000$원입니다.

• 잘못된 점 :

• 형이 낼 돈 :

Jumping Up! 창의성!

✎ 다음 문제를 읽고 해결하시오.

아버지가 세상을 떠나기 전 세 아들에게 유언을 남겼습니다.

내가 17마리의 낙타를 물려 줄 터이니 첫째는 $\frac{1}{2}$을 가지고, 둘째는 $\frac{1}{3}$을 가지고, 셋째는 $\frac{1}{9}$을 가지거라.

단, 산 채로 나누어 주어야 하고, 낙타고기로 나누거나 팔아서 돈으로 나누면 안된다.

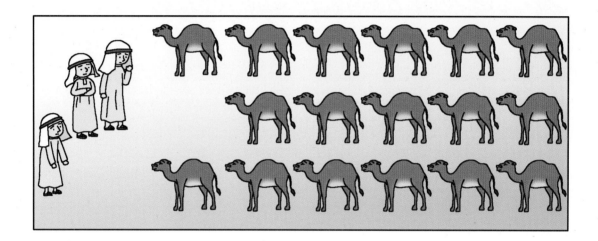

1 통분을 사용하여 문제를 해결하시오.

① $\frac{1}{2}$, $\frac{1}{3}$, $\frac{1}{9}$의 공통분모로 가능한 수를 찾아보시오.

18, 36, 54 등이 있습니다.

② $\frac{1}{2}$, $\frac{1}{3}$, $\frac{1}{9}$을 통분하여 나타내시오.

$$\frac{1}{2}, \frac{1}{3}, \frac{1}{9} = \frac{1\times9}{2\times9}, \frac{1\times6}{3\times6}, \frac{1\times2}{9\times2} = \frac{9}{18}, \frac{6}{18}, \frac{2}{18}$$

③ 세 형제가 각각 가질 수 있는 낙타의 양을 나타내시오.

첫째는 [   ]마리, 둘째는 [   ]마리, 셋째는 [   ]마리입니다.

2 비의 성질을 이용하여 문제를 해결하시오.

① 첫째, 둘째, 셋째가 가져야 할 낙타의 양을 하나의 비로 나타내시오.

첫째 : 둘째 : 셋째 = $\frac{1}{2} : \frac{1}{3} : \frac{1}{9}$

② 분모인 2, 3, 9의 최소공배수를 구하시오.

2의 배수 : 2, 4, 6, 8, 10, 12, 14, 16, 18, 20, 22, 24, 26 …

3의 배수 : 3, 6, 9, 12, 15, 18, 21, 24, 27 …

9의 배수 : 9, 18, 27, 36 …

2, 3, 9의 최소공배수는 [   ]입니다.

③ 하나의 비로 나타낸 것을 가장 간단한 자연수의 비로 나타내시오.

분모인 2, 3, 9의 최소공배수인 [   ]을 각 항에 곱하면,

$\frac{1}{2} : \frac{1}{3} : \frac{1}{9} = \frac{1}{2} \times 18 : \frac{1}{3} \times 18 : \frac{1}{9} \times 18 =$ [   ] : [   ] : [   ]

④ 세 형제가 각각 가질 수 있는 낙타의 양을 나타내시오.

첫째는 [   ]마리, 둘째는 [   ]마리, 셋째는 [   ]마리입니다.

나의 실력은?

1 밀가루 500g으로 빵을 6개 만들었습니다. 밀가루 1.5 kg으로 만들 수 있는 빵의 수는 얼마인지 여러 가지 방법으로 구해 봅시다.

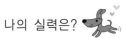

2 형과 동생이 딸기 1.2 kg을 땄는데 형과 동생이 3:2로 나누어 딸기를 먹으려고 합니다. 동생이 먹을 딸기의 양을 구하는 과정을 보고 잘못된 점을 설명하고 동생이 먹을 딸기의 양을 바르게 구하시오.

동생이 먹을 딸기의 양은 전체 딸기의 $\dfrac{2}{3 \times 2}$입니다.

동생이 먹을 딸기의 양은 $\dfrac{2}{3 \times 2} \times 1.2 = \dfrac{2}{6} \times \dfrac{12}{10} = \dfrac{4}{10} = 0.4\text{kg}$입니다.

• 잘못된 점 :

• 동생이 먹을 딸기의 양 :

3. 원기둥, 원뿔, 구

3. 원기둥, 원뿔, 구(기본개념 1)

 **개념 쏙쏙!**

✎ 주어진 도형에서 원기둥을 찾고 그 이유를 설명해 봅시다.

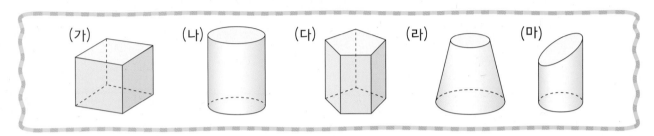

1 원기둥은 두 밑면이 서로 평행하고 합동인 원으로 된 기둥 모양을 말합니다.

2 서로 평행한 밑면을 가지고 있는 것은 [　　　　　　]입니다.

3 2번에서 찾은 도형 중에서 합동인 밑면을 가지고 있는 것은 [　　　　　　]입니다.

4 3번에서 찾은 도형 중에서 합동인 밑면이 원인 것은 [　　　　]입니다.

5 두 밑면이 서로 평행하고 합동인 원으로 된 기둥모양의 도형인 원기둥은 [　　　　]입니다.

정리해 볼까요?

주어진 도형에서 원기둥을 찾고 그 이유 설명하기

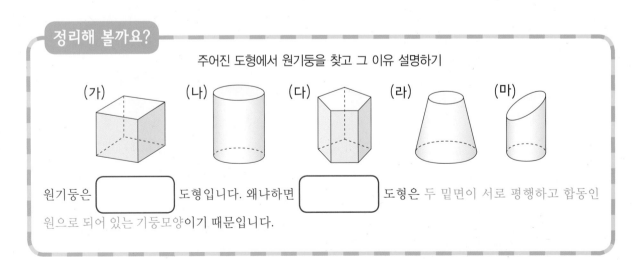

원기둥은 [　　　　] 도형입니다. 왜냐하면 [　　　　] 도형은 두 밑면이 서로 평행하고 합동인 원으로 되어 있는 기둥모양이기 때문입니다.

첫걸음 가볍게!

✏️ 주어진 도형에서 원뿔을 찾고 그 이유를 설명해 봅시다.

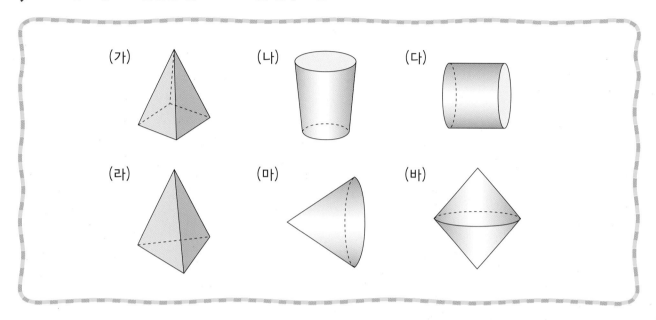

1 원뿔은 밑면이 하나의 [ ]이고 옆면이 [ ]면인 둥근 뿔 모양의 도형을 말합니다.

2 옆면이 굽은 면을 가진 도형은 [ ]입니다.

3 2번에서 찾은 도형 중에서 밑면이 하나의 원인 도형은 [ ]입니다.

4 밑면이 하나의 원이고 옆면이 굽은 면인 둥근 뿔 모양의 도형인 원뿔은 [ ]입니다.

5 주어진 도형에서 원뿔을 찾고 그 이유를 설명해 봅시다.

원뿔은 [ ] 도형입니다. 왜냐하면 [ ] 도형은 밑면이 하나의 원이고 옆면이 굽은 면인 둥근 뿔 모양의 도형이기 때문입니다.

한 걸음 두 걸음!

✏️ 주어진 도형에서 원기둥을 모두 찾고 그 이유를 설명해 봅시다.

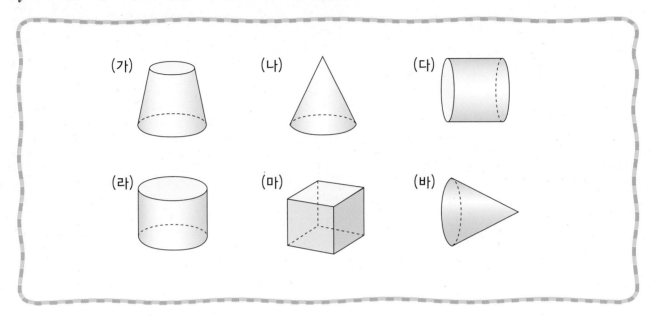

1 원기둥은 두 밑면이 _____인 원으로 된 기둥 모양을 말합니다.

2 서로 평행한 밑면을 가지고 있는 것은 [   ]입니다.

3 2번에서 찾은 도형 중에서 합동인 밑면을 가지고 있는 것은 [   ]입니다.

4 3번에서 찾은 도형 중에서 합동인 밑면이 원인 것은 [   ]입니다.

5 두 밑면이 서로 평행하고 합동인 원으로 된 기둥 모양인 원기둥은 [   ]입니다.

6 주어진 도형에서 원뿔을 찾고 그 이유를 설명해 봅시다.

원기둥은 [   ] 도형입니다.

왜냐하면 [   ] 도형은 _____

_____의 도형이기 때문입니다.

도전! 서술형!

 주어진 도형에서 원뿔을 찾고 그 이유를 설명해 봅시다.

(가)	(나)	(다)	(라)	(마)

실전! 서술형!

 주어진 도형에서 원기둥을 찾고 그 이유를 설명해 봅시다.

(가)	(나)	(다)	(라)	(마)
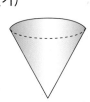	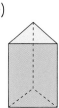			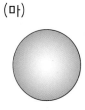

3. 원기둥, 원뿔, 구(기본개념 2)

✏️ 다음 두 도형의 공통점과 차이점을 각각 2가지 이상 설명하시오.

 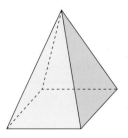

1 두 도형의 공통점을 설명하시오.

- 입체도형입니다.
- 밑면의 수가 1개입니다.
- 뿔모양입니다.
- 꼭짓점이 있습니다.

2 두 도형의 차이점을 쓰시오.

- 밑면의 모양이 다릅니다. 원뿔은 밑면이 원이고 사각뿔은 밑면이 사각형입니다.
- 꼭짓점의 수가 다릅니다. 원뿔은 꼭짓점이 1개이고 사각뿔은 각뿔의 꼭짓점을 포함하여 꼭짓점이 모두 5개입니다.
- 원뿔에는 모선이 있고, 각뿔에는 모서리가 있습니다.

정리해 볼까요?

원뿔과 각뿔의 공통점과 차이점 설명하기

두 도형의 공통점은 두 도형 모두 입체도형이고 밑면의 수가 같습니다. 또한 뿔모양이고 꼭짓점이 있습니다.

두 도형의 차이점은 밑면의 모양이 다르고 꼭짓점의 수가 다릅니다. 또한 원뿔에는 모선이 있고, 각뿔에는 모서리가 있습니다.

첫걸음 가볍게!

✏ 다음 두 도형의 공통점과 차이점을 각각 2가지 이상 설명하시오.

1 두 도형의 공통점을 설명하시오.

- ⬚ 입니다.
- 밑면의 모양이 ⬚ 입니다.
- 옆면은 굽은 면입니다.

2 두 도형의 차이점을 쓰시오.

- ⬚ 의 수가 다릅니다. 원기둥은 밑면이 2개이고, 원뿔은 밑면이 1개입니다.
- ⬚ 의 수가 다릅니다. 원기둥은 꼭짓점이 0개이고 원뿔은 꼭짓점이 1개입니다.
- ⬚ 의 수가 다릅니다. 원기둥은 모선이 0개이고 원뿔은 모선이 1개입니다.

3 두 도형의 공통점과 차이점을 설명하시오.

원기둥과 원뿔의 공통점은 두 도형은 모두 ⬚ 이고 밑면의 모양이 ⬚ 입니다.

원기둥과 원뿔의 차이점은 ⬚ , ⬚ , ⬚ 가 다릅니다.

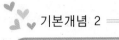

한 걸음 두 걸음!

✏️ 다음 두 도형의 공통점과 차이점을 각각 2가지 이상 설명하시오.

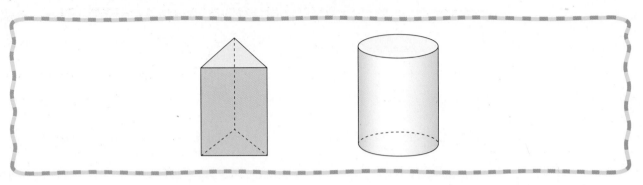

1 두 도형의 공통점을 설명하시오.

• _____입니다.

• _____이 2개이고 평행이며 합동입니다.

• _____입니다.

• _____ 이 있습니다.

2 두 도형의 차이점을 쓰시오.

• _____이 다릅니다. 삼각기둥은 밑면의 모양이 _____이고 원기둥은 밑면의 모양이

_____ 입니다.

• _____이 다릅니다. 삼각기둥은 옆면의 모양이 _____이고 원기둥은 _____

입니다.

• _____가 다릅니다. 삼각기둥은 옆면의 수가 ____개이고 원기둥은 옆면의 수가 ____개입니다.

3 두 도형의 공통점과 차이점을 설명하시오.

삼각기둥과 원기둥의 공통점은 _____

_____

_____.

삼각기둥과 원기둥의 차이점은 _____

_____

_____

도전! 서술형!

✏️ 다음 두 도형의 공통점과 차이점을 각각 2가지 이상 설명하시오.

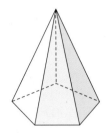 

1 두 도형의 공통점을 2가지 이상 설명하시오.

2 두 도형의 차이점을 2가지 이상 설명하시오.

실전! 서술형!

다음 도형을 보고 물음에 답하시오.

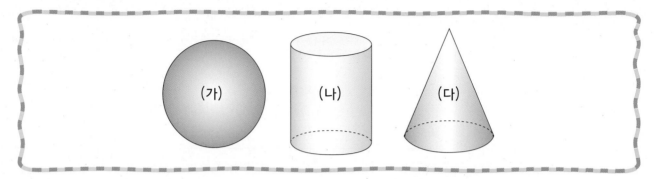

1 (가)와 (나)의 공통점과 차이점을 쓰시오.

2 (나)와 (다)의 공통점과 차이점을 쓰시오.

3. 원기둥, 원뿔, 구(오류유형 1)

개념 쏙쏙!

✎ 다음 원기둥의 겉넓이를 구하는 과정을 보고 잘못된 점을 설명하고 겉넓이를 바르게 구하시오.(원주율 3)

원기둥의 겉넓이 = $(4 \times 4 \times 3) + (4 \times 2 \times 3 \times 10)$

1 잘못된 점을 찾아 설명해 봅시다.

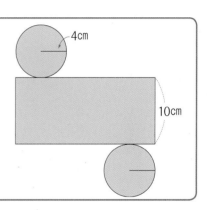

원기둥의 전개도를 보면 밑면 2개와 옆면 1개가 있습니다. 따라서 원기둥의 겉넓이를 구하는 방법은 '(한 밑면의 넓이 × 2) + 옆면의 넓이' 인데 '(한 밑면의 넓이) + 옆면의 넓이'로 구했습니다.

2 원기둥의 겉넓이를 구해 봅시다.

원기둥의 겉넓이를 구하는 방법은 '(한 밑면의 넓이 × 2) + 옆면의 넓이'이므로 $(4 \times 4 \times 3) \times 2 + (4 \times 2 \times 3 \times 10) = 48 \times 2 + 240 = 336(\text{cm}^2)$입니다.

정리해 볼까요?

원기둥의 겉넓이 구하기

원기둥의 전개도를 보면 밑면 2개와 옆면 1개가 있습니다. 따라서 원기둥의 겉넓이를 구하는 방법은 '(한 밑면의 넓이 × 2) + 옆면의 넓이' 인데 '(한 밑면의 넓이) + 옆면의 넓이'로 구했습니다. 따라서 원기둥의 겉넓이를 구하면 $(4 \times 4 \times 3) \times 2 + (4 \times 2 \times 3 \times 10) = 48 \times 2 + 240 = 336(\text{cm}^2)$입니다.

첫걸음 가볍게!

✎ 다음 원기둥의 겉넓이를 구하는 과정을 보고 잘못된 점을 설명하고 겉넓이를 바르게 구하시오.(원주율 3)

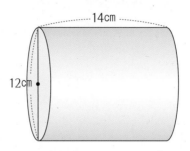

원기둥의 겉넓이 = $(7 \times 7 \times 3) \times 2 + (7 \times 2 \times 3 \times 12) = 798\,cm^2$

1 잘못된 점을 찾아 설명해 봅시다.

원기둥의 겉넓이를 구하는 방법은 '([   ] × 2) + [   ] '인데 밑면
의 넓이와 옆면의 넓이를 구할 때 원기둥의 높이와 밑면의 반지름을 바꿔서 계산하였습니다.

2 원기둥의 겉넓이를 구해 봅시다.

원기둥의 겉넓이를 구하는 방법은 '[   ] × [   ] + [   ]'
이므로 $(6 \times 6 \times 3) \times 2 + (6 \times 2 \times 3 \times 14)$를 하면 원기둥의 겉넓이는 [   ] cm^2입니다.

3 원기둥의 겉넓이를 구하는 방법에서 잘못된 점을 설명하고 겉넓이를 바르게 구하시오.

원기둥의 겉넓이를 구하는 방법은 '([   ] × 2) + [   ] '인데 밑면의 넓
이와 옆면의 넓이를 구할 때 원기둥의 높이와 밑면의 반지름을 바꿔서 계산하였습니다. 따라서 주어진 원기둥의
겉넓이를 구하면 '[   ] × [   ] + [   ]'이므로 $(6 \times 6 \times 3) \times 2 +$
$(6 \times 2 \times 3 \times 14) =$ [   ] cm^2입니다.

한 걸음 두 걸음!

✏️ 다음 원기둥의 겉넓이를 구하는 과정을 보고 잘못된 점을 설명하고 겉넓이를 바르게 구하시오.(원주율 3)

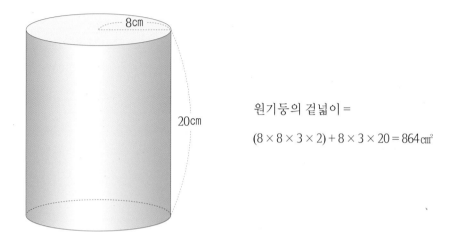

원기둥의 겉넓이 =

$(8 \times 8 \times 3 \times 2) + 8 \times 3 \times 20 = 864 \text{cm}^2$

1 잘못된 점을 찾아 설명해 봅시다.

원기둥의 겉넓이를 구하는 방법은 '_____'인데

옆면의 넓이를 구할 때 가로의 길이를 원주의 $\frac{1}{2}$로 계산하였습니다.

2 원기둥의 겉넓이를 구해 봅시다.

원기둥의 겉넓이를 구하는 방법은 '_____'이므로

_____을 하면 원기둥의 겉넓이는 〔   〕 cm²입니다.

3 원기둥의 겉넓이를 구하는 방법에서 잘못된 점을 설명하고 겉넓이를 바르게 구하시오.

원기둥의 겉넓이를 구하는 방법은 '_____'인데

옆면의 넓이를 구할 때 가로의 길이를 원주의 $\frac{1}{2}$로 계산하였습니다. 따라서 주어진 원기둥의 겉넓이를 구하면

_____ = 〔   〕 cm²입니다.

 **도전! 서술형!**

다음 원기둥의 겉넓이를 구하는 과정을 보고 잘못된 점을 설명하고 겉넓이를 바르게 구하시오.(원주율 3)

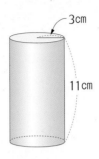

3cm

11cm

원기둥의 겉넓이 = $(3 \times 3 \times 3) \times 2 + (3 \times 3 \times 3) \times 11 = 351\,cm^2$

1 잘못된 점을 찾아 설명해 봅시다.

2 원기둥의 겉넓이를 구해 봅시다.

실전! 서술형!

✏️ 다음 원기둥의 겉넓이를 구하는 과정을 보고 잘못된 점을 설명하고 겉넓이를 바르게 구하시오.(원주율 3)

원기둥의 겉넓이 = $5 \times 5 \times 3 + 5 \times 2 \times 3 \times 10 = 375\,cm^2$

• 잘못된 점 :

• 원 기둥의 겉넓이 :

개념 쏙쏙!

✏️ 다음 원기둥의 부피를 구하는 과정을 보고 잘못된 점을 설명하고 부피를 바르게 구하시오. (원주율 3)

원기둥의 부피 = 12 × 12 × 3 × 11 = 4752㎤

1 잘못된 점을 찾아 설명해 봅시다.

> 원기둥의 부피를 구하는 방법은 '한 밑면의 넓이 × 높이', 즉 '반지름 × 반지름 × 원주율 × 높이'인데 '지름 × 지름 × 원주율 × 높이'로 구했습니다.

2 원기둥의 부피를 구해 봅시다.

> 원기둥의 부피를 구하는 방법은 '한 밑면의 넓이 × 높이', 즉 '반지름 × 반지름 × 원주율 × 높이'이므로 6 × 6 × 3 × 11 = 1188(㎤)입니다.

정리해 볼까요?

원기둥의 부피 구하기

원기둥의 부피를 구하는 방법은 '한 밑면의 넓이 × 높이', 즉 '반지름 × 반지름 × 원주율 × 높이'인데 '지름 × 지름 × 원주율 × 높이'로 구했습니다. 따라서 원기둥의 부피를 구하면 6 × 6 × 3 × 11 = 1188(㎤)입니다.

첫걸음 가볍게!

✏️ 다음 원기둥의 부피를 구하는 과정을 보고 잘못된 점을 설명하고 부피를 바르게 구하시오.(원주율 3)

원기둥의 부피 = $5 \times 5 \times 3 \times 2 + 5 \times 2 \times 3 \times 8 = 390\,cm^3$

1 잘못된 점을 찾아 설명해 봅시다.

원기둥의 부피를 구하는 방법은 '⬜ × ⬜', 즉 '⬜ × ⬜
× 원주율 × ⬜'인데 원기둥의 겉넓이를 구했습니다.

2 원기둥의 부피를 구해 봅시다.

원기둥의 부피를 구하는 방법은 '⬜ × ⬜', 즉 '⬜ × ⬜
× 원주율 × ⬜'이므로 $5 \times 5 \times 3 \times 8$을 하면 원기둥의 부피는 ⬜ cm^3입니다.

3 원기둥의 부피를 구하는 방법에서 잘못된 점을 설명하고 부피를 바르게 구하시오.

원기둥의 부피를 구하는 방법은 '⬜ × ⬜', 즉 '⬜ × ⬜ ×
⬜ × ⬜'인데 원기둥의 겉넓이를 구했습니다. 따라서 주어진 원기둥의 부피를 구하면 $5 \times 5 \times$
$3 \times 8 =$ ⬜ cm^3입니다.

한 걸음 두 걸음!

✏ 다음 원기둥의 부피를 구하는 과정을 보고 잘못된 점을 설명하고 부피를 바르게 구하시오.(원주율 3)

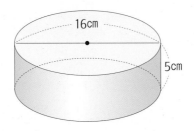

원기둥의 부피 = 5 × 5 × 3 × 8 = 600㎤

1 잘못된 점을 찾아 설명해 봅시다.

원기둥의 부피를 구하는 방법은 '_____

_____'인데 높이와 밑면의 반지름을 바꾸어 부피를 구하였습니다.

2 원기둥의 부피를 구해 봅시다.

원기둥의 부피를 구하는 방법은 '_____

_____'이므로 _____을 하면 원기둥의 부피는 ⬜ ㎤입니다.

3 원기둥의 부피를 구하는 방법에서 잘못된 점을 설명하고 부피를 바르게 구하시오.

원기둥의 부피를 구하는 방법은 '_____

_____'인데 높이와 밑면의 반지름을 바꾸어 부피를 구하였습니다. 따라서 주어진 원기둥

의 부피를 구하면 _____ = ⬜ ㎤입니다.

도전! 서술형!

✏️ 다음 원기둥의 부피를 구하는 과정을 보고 잘못된 점을 설명하고 부피를 바르게 구하시오.(원주율 3)

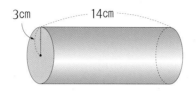

원기둥의 부피 = 7 × 7 × 3 × 6 = 882 cm³

1 잘못된 점을 찾아 설명해 봅시다.

2 원기둥의 부피를 구해 봅시다.

실전! 서술형!

✏️ 다음 원기둥의 부피를 구하는 과정을 보고 잘못된 점을 설명하고 부피를 바르게 구하시오.(원주율 3)

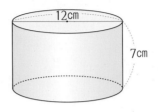

원기둥의 부피 = $12 \times 12 \times 3 \times 7 = 3{,}024\,\text{cm}^3$

・잘못된 점 :

・원 기둥의 부피 :

Jumping Up! 창의성!

한 밑면이 100㎠이고 높이가 20㎝인 삼각기둥, 사각기둥, 원기둥의 전개도는 아래와 같습니다. 이 때 각 도형의 옆면의 넓이를 구하시오.

만든 도형	전개도	옆면의 가로길이(㎝)	옆면의 넓이(㎝²)
삼각기둥	20 46.5	45.6	
사각기둥	20 40		
원기둥	20 35.4	35.4	

밑면의 넓이가 같을 때 밑면의 둘레가 가장 짧은 도형은 _____ 이고,

옆면의 넓이가 가장 좁은 도형은 _____ 입니다.

나의 실력은?

1 주어진 도형에서 원뿔을 찾고 그 이유를 설명하시오.

(가)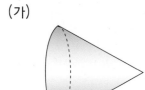

(나)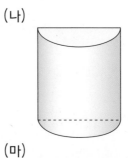

(다)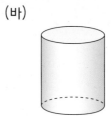

(라)

(마)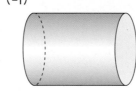

(바)

2 세 도형 중 두 가지를 골라 두 도형들의 공통점과 차이점을 설명하시오.

 (가)

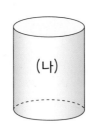 (나)

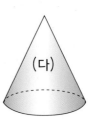 (다)

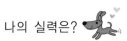

3 다음 원기둥의 겉넓이를 구하는 과정을 보고 잘못된 점을 설명하고 겉넓이를 바르게 구하시오.(원주율 3)

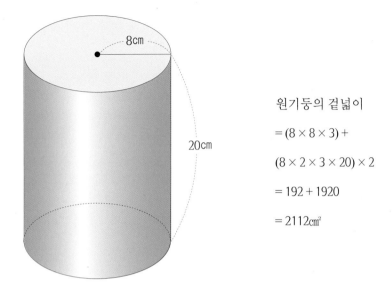

원기둥의 겉넓이

$= (8 \times 8 \times 3) +$

$(8 \times 2 \times 3 \times 20) \times 2$

$= 192 + 1920$

$= 2112 \text{cm}^2$

• 잘못된 점 :

• 원기둥의 겉넓이 :

4 다음 원기둥의 부피를 구하는 과정을 보고 잘못된 점을 설명하고 부피를 바르게 구하시오.(원주율 3)

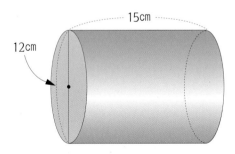

원기둥의 부피 $= 12 \times 12 \times 3 \times 15 = 6,480 \text{cm}^3$

• 잘못된 점 :

• 원기둥의 겉넓이 :

6-2

4. 비율그래프

4. 비율그래프 (기본개념 1)

✏️ 다음 원그래프에서 알 수 있는 내용을 4가지 이상 쓰시오.

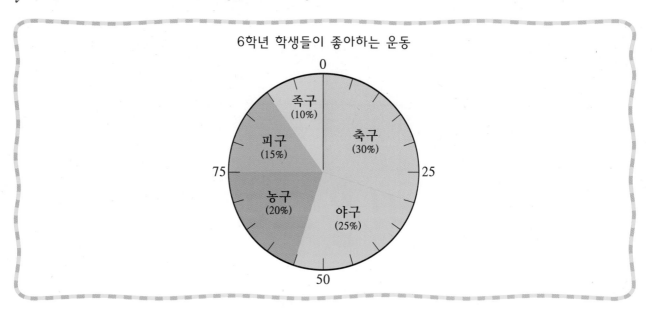

6학년 학생들이 좋아하는 운동

1 자료를 보면 6학년 학생들이 좋아하는 운동을 조사한 원그래프입니다.

2 축구를 좋아하는 학생은 [   ] %로 가장 많습니다.

3 야구를 좋아하는 학생은 [   ] %입니다.

4 족구를 좋아하는 학생은 [   ] %로 가장 적습니다.

5 축구를 좋아하는 학생은 농구를 좋아하는 학생의 [   ] 배입니다.

6 족구를 좋아하는 학생은 축구를 좋아하는 학생의 [   ] 배입니다.

정리해 볼까요?

원그래프에서 알 수 있는 사실 쓰기

1~6번처럼 원그래프에서 바로 알 수 있는 사실, 비교하여 알 수 있는 사실을 찾아 씁니다.

첫걸음 가볍게!

✏ 다음 띠그래프에서 알 수 있는 내용을 4가지 이상 쓰시오.

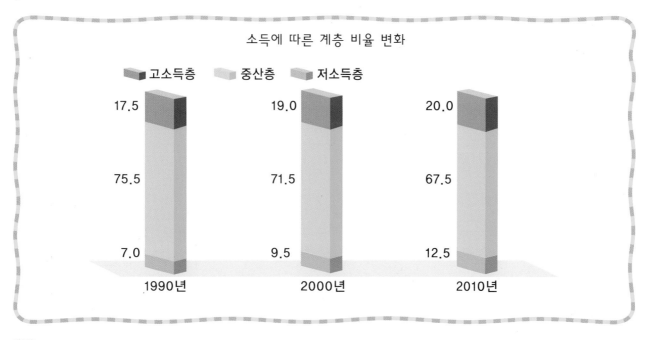

소득에 따른 계층 비율 변화

■ 고소득층   ▨ 중산층   ▨ 저소득층

1990년	2000년	2010년
17.5	19.0	20.0
75.5	71.5	67.5
7.0	9.5	12.5

1 자료를 보면 소득에 따른 계층 비율 변화를 조사한 띠그래프입니다.

2 1990년에 고소득층의 비율은 ☐ %, 중산층의 비율은 ☐ %, 저소득층의 비율은 ☐ %입니다.

3 2000년에 고소득층의 비율은 저소득층의 비율의 ☐ 배입니다.

4 2010년에 고소득층과 저소득층을 더하면 전체의 ☐ %입니다.

5 그래프의 변화를 보면 앞으로는 ☐ 이 더 줄어들고, ☐ 과 ☐ 은 더 늘어날 것입니다.

정리해 볼까요?

띠그래프에서 알 수 있는 사실 쓰기

1~6번처럼 띠그래프에서 바로 알 수 있는 사실, 비교하여 알 수 있는 사실, 추론하여 알 수 있는 사실을 찾아 씁니다.

한 걸음 두 걸음!

✎ 다음 자료에서 알 수 있는 것을 4가지 이상 쓰시오.

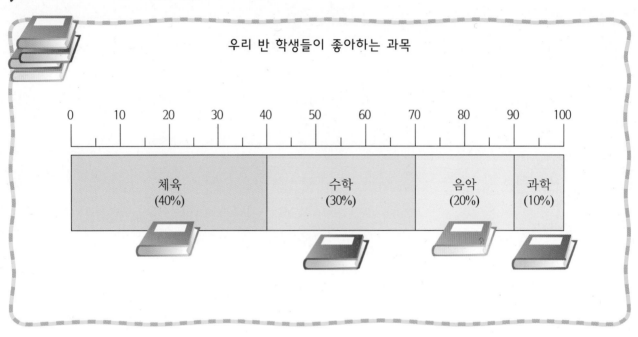

우리 반 학생들이 좋아하는 과목

| 체육 (40%) | 수학 (30%) | 음악 (20%) | 과학 (10%) |

1 자료의 제목을 보면 _____을 나타낸 띠그래프입니다.

2 _____을 좋아하는 학생은 _____%입니다.

3 체육을 좋아하는 학생은 _____을 좋아하는 학생의 _____배입니다.

4 과학을 좋아하는 학생은 _____을 좋아하는 학생의 _____배입니다.

5 학생들이 좋아하는 과목을 보면 가장 좋아하는 것은 _____이고 그 다음으로 _____의
순서로 좋아합니다.

6 _____을 좋아하는 학생과 음악을 좋아하는 학생의 합은 _____을 좋아하는 학생과 과학을 좋아하는
학생의 합과 같습니다.

도전! 서술형!

✏️ 다음 자료에서 알 수 있는 것을 4가지 이상 쓰시오.

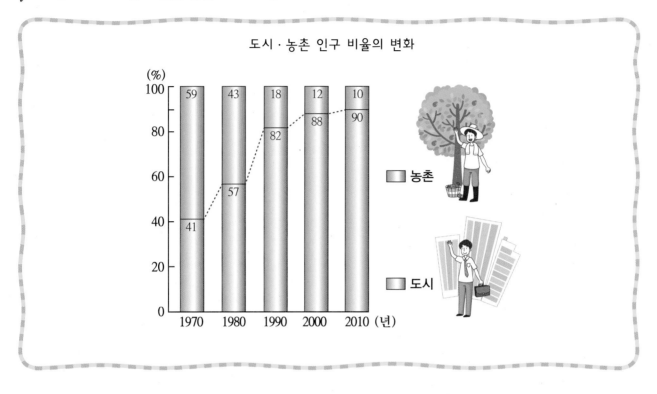

도시 · 농촌 인구 비율의 변화

1 자료에서 바로 알 수 있는 사실을 2가지 이상 쓰시오.

2 자료에서 비교하여 알 수 있는 사실을 2가지 이상 쓰시오.

3 자료에서 추론하여 알 수 있는 사실을 1가지 이상 쓰시오.

실전! 서술형!

✎ 다음 자료에서 알 수 있는 것을 4가지 이상 쓰시오.

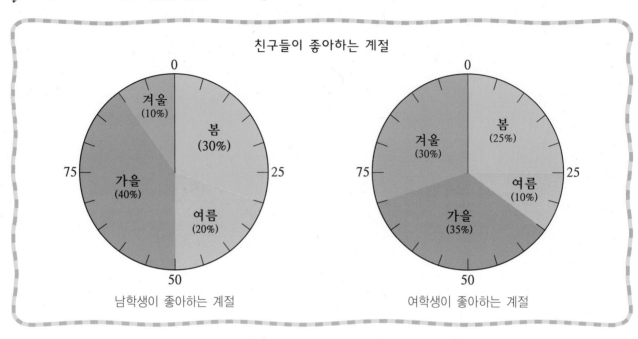

친구들이 좋아하는 계절

남학생이 좋아하는 계절

여학생이 좋아하는 계절

개념 쏙쏙!

📝 친구들이 좋아하는 과일을 조사하여 원그래프로 나타낸 것입니다. 잘못 말한 사람을 찾아 그 이유를 설명하고 바르게 고치시오.

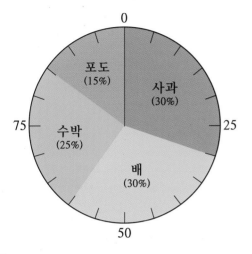

- 민희 : 포도를 좋아하는 사람이 가장 적어.
- 현규 : 사과를 좋아하는 사람과 수박을 좋아하는 사람을 합하면 50%가 넘어.
- 미정 : 배를 좋아하는 사람은 포도를 좋아하는 사람의 두 배야.
- 종민 : 친구들이 가장 좋아하는 과일은 배, 사과, 수박, 포도의 순서야.

1 잘못 설명한 사람을 찾으시오.

> 종민입니다.

2 잘못 설명한 이유를 쓰시오.

> 배를 좋아하는 사람과 사과를 좋아하는 사람의 비율은 같습니다.

3 잘못된 설명을 바르게 고치시오.

> 친구들은 배와 사과를 가장 좋아하고 그 다음으로 수박, 포도를 좋아합니다.

정리해 볼까요?

비율그래프에 대한 설명 중 잘못된 것을 찾고 바르게 고치기

종민이의 설명이 잘못되었습니다. 그 이유는 배를 좋아하는 학생과 사과를 좋아하는 학생의 비율이 같기 때문입니다. 따라서 바르게 고치면 친구들은 배와 사과를 가장 좋아하고 그 다음으로 수박, 포도를 좋아합니다.

첫걸음 가볍게!

우리 학교 학생 300명의 혈액형을 조사하여 띠그래프로 나타낸 것입니다. 잘못 말한 사람을 찾아 그 이유를 설명하고 바르게 고치시오.

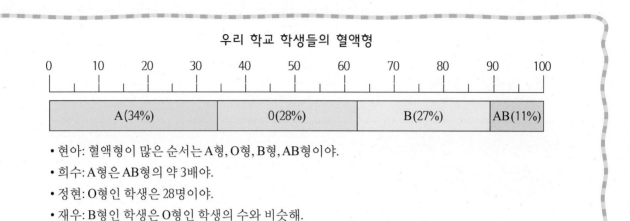

우리 학교 학생들의 혈액형

| A(34%) | O(28%) | B(27%) | AB(11%) |

- 현아: 혈액형이 많은 순서는 A형, O형, B형, AB형이야.
- 희수: A형은 AB형의 약 3배야.
- 정현: O형인 학생은 28명이야.
- 재우: B형인 학생은 O형인 학생의 수와 비슷해.

1 잘못 설명한 사람을 찾으시오.

　　　　　　　　입니다.

2 잘못 설명한 이유를 쓰시오.

O형인 학생의 비율은 　　　　　　　　로 O형인 학생의 수를 확인하기 위해서는 백분율과 전체 학생 수를 곱해야 합니다.

3 잘못된 설명을 바르게 고치시오.

백분율 × 전체 학생 수를 하면 $\frac{28}{100} \times 300 =$ 　　　　　　　(명)입니다.

4 잘못 설명한 사람을 찾아 그 이유를 쓰고 잘못된 설명을 바르게 고치시오.

　　　　　　　의 설명이 잘못되었습니다. 그 이유는 O형인 학생의 비율은 　　　　　　　로 O형인 학생의 수를 확인하기 위해서는 백분율과 전체 학생 수를 곱해야 합니다. 백분율 × 전체 학생 수를 하면 $\frac{28}{100} \times 300 =$ 　　　　　　　(명)입니다.

한 걸음 두 걸음!

✏️ 6학년 학생들 400명을 대상으로 좋아하는 책의 종류를 조사하여 원그래프로 나타낸 것입니다. 잘못 말한
사람을 찾아 그 이유를 설명하고 바르게 고치시오.

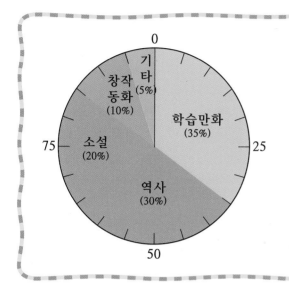

- 재만 : 역사를 좋아하는 친구는 창작동화를 좋아하는
  친구의 3배야.
- 지희 : 나는 동시집을 좋아한다고 적어놓았는데 그래
  프에서 빠졌네.
- 정규 : 친구들은 학습만화를 가장 좋아하는구나.
- 상한 : 소설은 친구들이 세 번째로 좋아하는 책이구나.

1 잘못 설명한 사람을 찾으시오.

잘못 설명한 사람은 _____입니다.

2 잘못 설명한 이유를 쓰시오.

지희가 좋아한다고 적은 동시집은 항목에는 표시되지 않았지만 _____
인 기타에 넣기 때문입니다.

3 잘못된 설명을 바르게 고치시오.

지희가 좋아하는 동시집은 좋아하는 친구들의 수가 적어서 _____ 항목에 포함되어 있을 것 같아.

4 잘못 설명한 사람을 찾아 그 이유를 쓰고 잘못된 설명을 바르게 고치시오.

_____의 설명이 잘못되었습니다. 그 이유는 조사에서 _____

기타에 넣습니다. 따라서 바르게 고치면 지희가 좋아하는 동시집은 좋아하는 친구들의 수가 적어서 _____
항목에 포함되어 있을 것입니다.

도전! 서술형!

✎ 6학년 학생 400명이 좋아하는 간식을 띠그래프로 나타낸 것입니다. 잘못 말한 사람을 찾아 그 이유를 설명하고 바르게 고치시오.

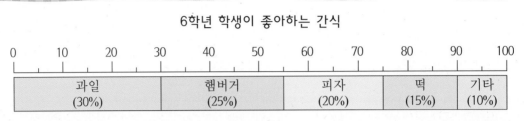

6학년 학생이 좋아하는 간식

과일 (30%)	햄버거 (25%)	피자 (20%)	떡 (15%)	기타 (10%)

- 영수: 6학년 학생들은 간식으로 과일을 가장 좋아해.
- 민지: 피자를 좋아하는 학생은 과일을 좋아하는 학생의 $\frac{2}{3}$배야.
- 연경: 햄버거를 좋아하는 학생은 100명이야.
- 철우: 떡을 좋아하는 학생은 피자를 좋아하는 학생보다 5명이 적어.

1 잘못 설명한 사람을 찾으시오.

2 잘못 설명한 이유를 쓰시오.

3 잘못된 설명을 바르게 고치시오.

실전! 서술형!

남학생 300명과 여학생 200명을 대상으로 학생들의 여가 시간 활용 방법을 조사하여 원그래프로 나타낸 것입니다. 잘못 설명한 사람을 찾아 그 이유를 설명하고 바르게 고치시오.

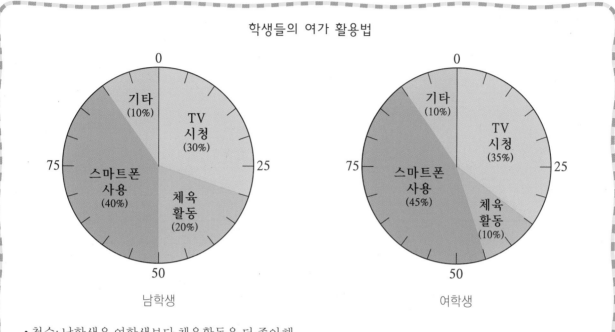

학생들의 여가 활용법

남학생

여학생

- 철수: 남학생은 여학생보다 체육활동을 더 좋아해.
- 해인: 스마트폰을 사용하는 여학생의 수가 남학생의 수 보다 더 많아.
- 제동: 학생들은 여가 시간에 스마트폰 사용하는 것을 가장 좋아해.
- 성철: 체육활동을 좋아하는 학생은 모두 80명이야.

4. 비율그래프(기본개념 2)

개념 쏙쏙!

🖋 기호가 친구들이 가고 싶어 하는 현장체험학습 장소를 조사하여 표로 나타낸 것입니다. 이 표를 띠그래프로 그리시오.

친구들이 가고 싶어 하는 현장체험학습 장소

장소	스케이트장	박물관	수영장	기타	합계
인원(명)	7	4	6	3	20

1 현장체험학습 장소별 백분율을 가장 먼저 구합니다.

2 각 장소별 백분율을 구하여 표를 완성하시오.

친구들이 가고 싶어 하는 현장체험학습 장소

장소	스케이트장	박물관	수영장	기타
백분율(%)	35	20	30	15

3 각 장소의 합계는 100%입니다.

4 각 장소별 백분율만큼 띠를 나눕니다.

5 나눈 띠 위에 각 장소의 명칭을 쓰고, 백분율의 크기를 씁니다. 마지막으로 띠그래프의 제목을 씁니다.

친구들이 가고 싶어 하는 현장체험학습 장소

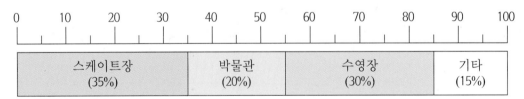

정리해 볼까요?

띠그래프 그리기

먼저 현장체험학습 장소별 백분율을 구하고 각 장소의 백분율 합계가 100%인지 확인합니다. 각 장소별 백분율만큼 띠를 나누고, 나눈 띠 위에 각 장소의 명칭과 백분율의 크기를 씁니다. 마지막으로 제목을 씁니다.

첫걸음 가볍게!

✏ 우리 반 친구들이 좋아하는 계절을 조사하여 표로 나타낸 것입니다. 이 표를 원그래프로 그리시오.

친구들이 좋아하는 계절

장소	봄	여름	가을	겨울	합계
인원(명)	14	6	12	8	40

1 친구들이 좋아하는 계절별 [   ]을 구합니다.

2 각 계절별 백분율을 구하여 표를 완성하시오.

친구들이 좋아하는 계절

계절	봄	여름	가을	겨울
백분율(%)				

3 각 장소의 합계는 [   ]%입니다.

4 각 장소별 백분율만큼 원을 나눕니다.

5 나눈 원 위에 각 계절의 명칭을 쓰고, 백분율의 크기를 쓰니다. 마지막으로 원그래프의 [   ]을 씁 니다.

친구들이 좋아하는 계절

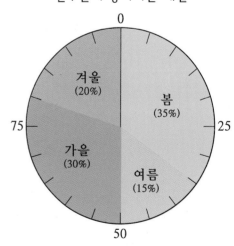

정리해 볼까요?

원그래프 그리기

먼저 친구들이 좋아하는 계절별 [   ]을 구하고 각 장소의 백분율 합계가 [   ]% 인지 확인합니다. 각 계절별 백분율만큼 원을 나누고, 나눈 원 위에 각 계절의 명칭과 백분율의 크기를 씁니다. 마지막으로 [   ]을 씁니다.

한 걸음 두 걸음!

✎ 건모가 올해 읽은 책의 수는 아래 표와 같습니다. 이 자료를 원그래프로 나타내시오.

건모가 읽은 책

종류	학습만화	위인전	창작동화	역사책	만화책	소설책	합계
책의 수 (권)	90	30	50	20	7	3	200

1 건모가 읽은 책의 수를 백분율로 나타내시오.

건모가 읽은 책

종류					기타	합계
백분율 (%)						100

※ 각 항목의 _____가 맞는지 확인합니다.

2 표를 보고 원그래프로 나타내시오.

제목: [   ]

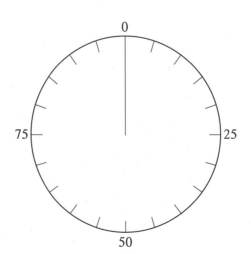

도전! 서술형!

학급 친구들이 좋아하는 과일을 조사한 자료를 보고 띠그래프로 나타내시오.

수박	배	참외	배	포도
포도	수박	배	포도	수박
참외	사과	수박	수박	배
포도	수박	배	참외	딸기

1 친구들이 좋아하는 과일별로 표를 정리하여 봅시다.

과일						합계
학생수(명)						

2 기타에 넣을 수 있는 내용은 무엇인지 쓰시오.

3 다시 정리한 내용을 백분율로 나타내시오.

과일					기타	합계
학생수(명)						
백분율(%)						

4 위의 표를 띠그래프로 나타내시오.

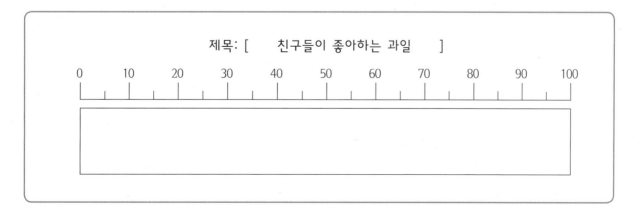

제목: [　　친구들이 좋아하는 과일　　]

0 10 20 30 40 50 60 70 80 90 100

실전! 서술형!

다음 자료를 보고 띠그래프 또는 원그래프 중 하나를 선택하여 나타내시오.

친구들이 다니는 학원

영어	태권도	수학	피아노	컴퓨터	과학실험	미술	논술
태권도	영어	수학	영어	미술	미술	수학	영어
수학	태권도	컴퓨터	태권도	수학	영어	태권도	수학
컴퓨터	영어	영어	피아노	컴퓨터	수학	영어	수학
영어	수학	미술	영어	컴퓨터	태권도	수학	컴퓨터

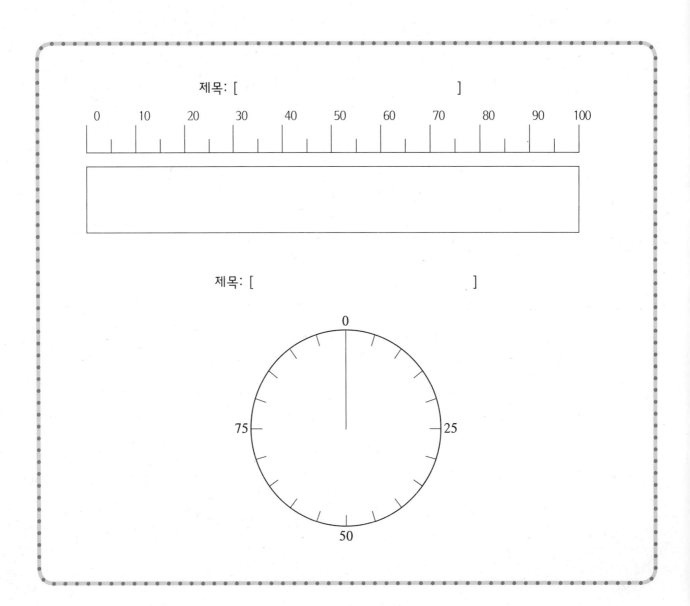

제목: [　　　　　　　　　　　　　　　　　　　]

0　10　20　30　40　50　60　70　80　90　100

제목: [　　　　　　　　　　　　　　　　　　]

Jumping Up! 창의성!

 비율그래프에는 여러 가지 형태가 있습니다. 정사각형의 각 변을 10등분한 모눈 100칸을 이용하여 전체에 대한 각 부분의 비율을 나타낼 수 있습니다.

다음 표에서 친구들이 가장 좋아하는 색깔의 백분율을 구하고 그 결과를 아래의 사각형 그래프에 알맞은 색깔로 칠하고 백분율을 나타내시오.

친구들이 가장 좋아하는 색깔

색깔	빨간색	주황색	노란색	초록색	파란색	남색	보라색	계
학생 수(명)	42	18	32	24	52	12	20	
백분율(%)								

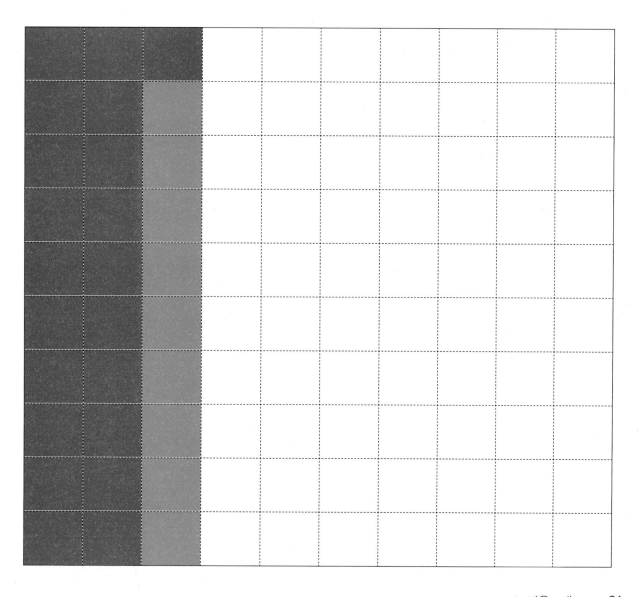

나의 실력은?

1 다음 자료에서 알 수 있는 것을 3가지 이상 쓰시오.

우리 반 쓰레기 발생량

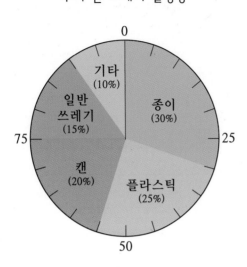

2 6학년 학생 200명이 좋아하는 동물을 띠그래프로 나타낸 것입니다. 잘못 말한 사람을 찾아 그 이유를 설명하고 바르게 고치시오.

6학년 학생이 좋아하는 동물

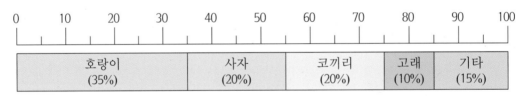

- 광석 : 6학년 학생들은 호랑이를 가장 좋아해.
- 미래 : 고래를 좋아하는 학생은 코끼리를 좋아하는 학생보다 10명이 적어.
- 동훈 : 사자를 좋아하는 학생과 코끼리를 좋아하는 학생을 합치면 호랑이를 좋아하는 학생보다 10명이 많아.

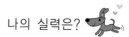

3 다음 자료를 보고 띠그래프 또는 원그래프 중 하나를 선택하여 나타내시오.

기르고 싶은 애완동물

종류	강아지	고양이	햄스터	토끼	기타	합계
학생수	50	60	40	30	20	200
백분율						

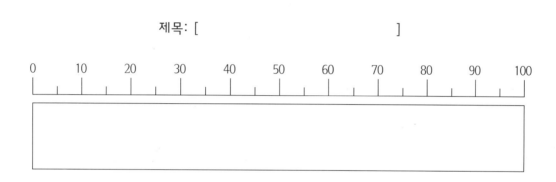

제목: [   ]

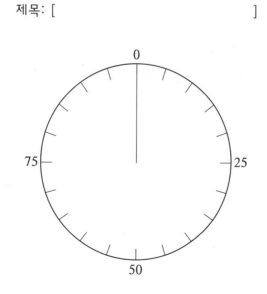

제목: [   ]

5. 정비례와 반비례

5. 정비례와 반비례(기본개념 1)

개념 쏙쏙!

지우는 담장에 페인트를 칠하고 있습니다. 지우는 1시간 동안 2㎡를 칠할 수 있습니다. 이 상황은 정비례 상황인지 반비례 상황인지 설명하고, 비례식을 사용하여 8시간 동안 페인트를 칠할 수 있는 담장의 넓이를 구하시오.

1 정비례 상황인지 반비례 상황인지 고르시오.

(정비례 , 반비례)

2 그 이유를 쓰시오.

페인트를 칠한 시간이 1시간, 2시간, 3시간 등으로 늘어날수록 페인트를 칠한 담장의 넓이가 2㎡, 4㎡, 6㎡ 등으로 늘어나기 때문입니다.

3 페인트를 칠한 시간을 x, 페인트를 칠한 담장의 넓이를 y라 하고 x와 y의 대응 관계를 식으로 나타내시오.

$y = 2 \times x$

4 8시간 동안 페인트를 칠한 담장의 넓이를 구하시오.

페인트를 칠한 시간이 8이므로 $2 \times 8 = 16(㎡)$입니다.

정리해 볼까요?

페인트칠을 한 넓이 구하는 방법 설명하기

페인트를 칠한 시간이 1시간, 2시간, 3시간 등으로 늘어날수록 페인트를 칠한 담장의 넓이가 2㎡, 4㎡, 6㎡ 등으로 늘어나기 때문에 정비례 상황입니다.

따라서 페인트칠 한 시간을 x, 칠한 넓이를 y라 하고 x와 y의 대응 관계를 식으로 나타내면 $y = 2 \times x$이고 페인트칠 한 시간이 8이므로 $2 \times 8 = 16(㎡)$입니다.

첫걸음 가볍게!

✏️ 경호는 종이학을 접고 있습니다. 경호는 5분 동안 종이학 2개를 접을 수 있습니다. 이 상황은 정비례 상황인지 반비례 상황인지 설명하고, 비례식을 사용하여 30분 동안 접을 수 있는 종이학의 수를 구하시오.

1 정비례 상황인지 반비례 상황인지 고르시오.

(　정비례　 ,　 반비례 　)

2 그 이유를 쓰시오.

종이학을 접은 시간이 〔　　　　　　　　〕 등으로 변할수록 접은 종이학의 수가

〔　　　　　　　　〕 등으로 변하기 때문입니다.

3 종이학을 접은 시간을 x, 만든 종이학의 수를 y라 하고 x와 y의 대응 관계를 식으로 나타내시오.

$$y = \boxed{} \times x$$

4 30분 동안 만든 종이학의 수를 구하시오.

종이학을 접은 시간이 30분이므로 $\frac{2}{5} \times \boxed{} = \boxed{}$ (개)입니다.

5 위 상황은 정비례 상황인지 반비례 상황인지 설명하고, 비례식을 사용하여 30분 동안 접을 수 있는 종이학의 수를 구하시오.

이 상황은 종이학을 접은 시간이 5분, 10분, 15분 등으로 변할수록 접을 수 있는 종이학의 수가 2개, 4개, 6개

등으로 변하기 때문에 〔　　　　　　〕 상황입니다.

종이학을 접은 시간을 x, 만든 종이학의 수를 y라 하고 x와 y의 대응 관계를 식으로 나타내면 $y = \boxed{} \times$

x이고 30분 동안 만든 종이학의 수는 $\frac{2}{5} \times \boxed{} = \boxed{}$ (개)입니다.

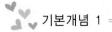

한 걸음 두 걸음!

희수는 정수기에서 물을 받고 있습니다. 정수기에서 물은 1초에 50mL가 나옵니다. 이 상황은 정비례 상황인지 반비례 상황인지 설명하고, 비례식을 사용하여 20초 동안 받을 수 있는 물의 양을 구하시오.

1 정비례 상황인지 반비례 상황인지 고르시오.

(정비례 , 반비례)

2 그 이유를 쓰시오.

물을 받는 시간이 1초, 2초, 3초 등으로 변할수록 _____

_____ 때문입니다.

3 물을 받는 시간을 x, 받은 물의 양을 y라 하고 x와 y의 대응 관계를 식으로 나타내시오.

_____ .

4 20초 동안 받은 물의 양을 구하시오.

물을 받은 시간이 [   ]초이므로 _____(mL)입니다.

5 위 상황은 정비례 상황인지 반비례 상황인지 설명하고, 비례식을 사용하여 20분 동안 받은 물의 양을 구하시오.

이 상황은 물을 받는 시간이 1초, 2초, 3초 등으로 변할수록 _____

_____ 때문에 _____ 상황입니다.

물을 받는 시간을 x, 받을 수 있는 물의 양을 y라 하고 x와 y의 대응 관계를 식으로 나타내면 _____

이고 20초 동안 받은 물의 양은 _____ (mL)입니다.

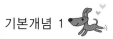

도전! 서술형!

동호는 자전거를 타고 10분에 2km를 가고 있습니다. 이 때 자전거가 움직이는 시간에 따른 이동 거리는 정비례 상황인지 반비례 상황인지 설명하고, 비례식을 사용하여 1시간 30분 동안 갈 수 있는 거리를 구하시오.

1 정비례 상황인지 반비례 상황인지 이유를 들어 설명하시오.

2 비례식을 사용하여 1시간 30분 동안 이동한 거리를 구하시오.

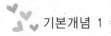

실전! 서술형!

지혜는 어머니와 마트에서 장을 보고 있습니다. 과자가 한 개에 1500원일 때 과자의 수와 내야 할 금액은 정비례 상황인지 반비례 상황인지 설명하고, 비례식을 사용하여 과자 6봉지를 구입할 때 내야할 금액을 구하시오.

5. 정비례와 반비례(기본개념 2)

개념 쏙쏙!

가로가 x cm이고 세로가 y cm인 직사각형 모양의 조각보의 넓이는 60cm²입니다. 가로의 길이에 따른 세로의 길이를 구하는 상황은 정비례 상황인지 반비례 상황인지 설명하고, 비례식을 사용하여 가로가 5cm일 때의 직사각형 조각보의 세로의 길이는 몇 cm인지 구하시오.

1 정비례 상황인지 반비례 상황인지 고르시오.

(정비례 , 반비례)

2 그 이유를 쓰시오.

조각보의 가로의 길이가 2배, 3배 등으로 변할수록 조각보의 세로의 길이가 $\frac{1}{2}$배, $\frac{1}{3}$배 등으로 변하는 관계이기 때문입니다.

3 조각보의 가로의 길이를 x, 세로의 길이를 y라 하고 x와 y의 대응 관계를 식으로 나타내시오.

$x \times y = 60$

4 가로의 길이가 5cm일 때의 세로의 길이를 구하시오.

$x \times y = 60$에서 x가 5이면 y = 12이므로 세로의 길이는 12(cm)입니다.

정리해 볼까요?

직사각형 조각보의 세로 구하는 방법 설명하기

조각보의 가로가 2배, 3배 등으로 변할수록 조각보의 세로가 $\frac{1}{2}$배, $\frac{1}{3}$배 등으로 변하는 관계이기 때문에 반비례 상황입니다.

따라서 가로를 x, 세로를 y라 하고 x와 y의 대응 관계를 식으로 나타내면 $x \times y = 60$이고 가로가 5이므로 $5 \times y = 60$에서 y = 12이므로 세로는 12cm입니다.

첫걸음 가볍게!

✎ 지우네 가족은 넓이가 120㎡인 담장에 페인트칠을 하려고 합니다. 한 명은 한 시간에 2㎡를 칠할 수 있습니다. 페인트칠을 한 사람의 수에 따른 걸린 시간을 구하는 상황은 정비례 상황인지 반비례 상황인지 설명하시오. 또한 전체를 칠하는데 모두 10시간이 걸렸다면 페인트칠한 사람은 모두 몇 명인지 구하시오.

1 정비례 상황인지 반비례 상황인지 고르시오.

(정비례 , 반비례)

2 그 이유를 쓰시오.

페인트칠한 사람이 1명, 2명, 3명 등으로 변할수록 페인트칠한 시간이 [ ]시간, [ ]시간, [ ]시간 등으로 변하기 때문입니다.

3 페인트칠 한 사람을 x, 칠한 시간을 y라 하고 x와 y의 대응 관계를 식으로 나타내시오.

[ ] $\times x \times y = 120$

4 페인트칠한 시간이 10시간이라면 페인트칠한 사람은 몇 명인지 구하시오.

$2 \times x \times y = 120$에서 $y = 10$이므로 페인트칠한 사람은 [ ](명)입니다.

5 위 상황은 정비례 상황인지 반비례 상황인지 설명하고, 전체를 칠하는데 모두 10시간이 걸렸다면 페인트칠한 사람은 모두 몇 명인지 구하시오.

페인트를 칠한 사람이 1명, 2명, 3명 등으로 변할수록 페인트를 칠한 시간이 [ ]시간, [ ]시간, [ ]시간 등으로 변하기 때문에 [ ] 상황입니다.

따라서 페인트를 칠한 사람을 x, 페인트를 칠한 시간을 y라 하고 x와 y의 대응 관계를 식으로 나타내면 [ ] $\times x \times y = 120$입니다. 페인트를 칠한 시간이 10시간이면 $2 \times x \times 10 = 120$이므로 페인트를 칠한 사람은 [ ](명)입니다.

한 걸음 두 걸음!

✎ 광호는 찰흙 20개를 친구들에게 똑같이 나누어 주려고 합니다. 이 상황은 정비례 상황인지 반비례 상황인지 설명하고, 비례식을 사용하여 10명의 친구들에게 찰흙을 나누어줄 때 한 명이 받는 찰흙의 개수를 구하시오.

1 정비례 상황인지 반비례 상황인지 고르시오.

(정비례 , 반비례)

2 그 이유를 쓰시오.

찰흙을 나누어줄 친구가 1명, 2명, 4명 등으로 변할수록 _____

_____ 때문입니다.

3 찰흙을 받는 친구를 x, 한 사람이 받는 찰흙의 수를 y라 하고 x와 y의 대응 관계를 식으로 나타내시오.

_____

4 10명의 친구들에게 찰흙을 나누어줄 때 한 사람이 받는 찰흙의 수를 구하시오.

10명의 친구들에게 찰흙을 나누어주므로 _____ 입니다. 따라서

_____ 입니다.

5 위 상황은 정비례 상황인지 반비례 상황인지 설명하고, 비례식을 사용하여 찰흙을 10명의 친구에게 나누어줄 때 한 사람이 받는 찰흙의 수를 구하시오.

찰흙을 나누어줄 친구가 1명, 2명, 4명 등으로 변할수록 _____

_____ 때문에 _____ 상황입니다.

따라서 찰흙을 받는 친구를 x, 한 사람이 받는 찰흙의 수를 y라 하고 x와 y의 대응 관계를 식으로 나타내면

_____ 입니다. 10명의 친구들에게 찰흙을 나누어 주므로 _____ 입니

다. 따라서 한 사람이 받는 찰흙의 수는 [   ]개입니다.

도전! 서술형!

📝 민주네 반 친구들 24명이 모둠 활동을 하려고 합니다. 이 때 모둠별 인원수에 따른 모둠의 수는 정비례 상황인지 반비례 상황인지 설명하고, 비례식을 사용하여 모둠별 인원이 6명일 때 모둠의 수를 구하시오.

1 정비례 상황인지 반비례 상황인지 이유를 들어 설명하시오.

2 비례식을 사용하여 모둠별 인원이 6명일 때 모둠의 수를 구하시오.

실전! 서술형!

📝 진희는 300쪽짜리 책을 보고 있습니다. 매일 읽는 책의 쪽수에 따라 책을 읽어야 하는 날은 정비례 상황인지 반비례 상황인지 설명하고 비례식을 사용하여 하루에 15쪽의 책을 읽을 때 책을 읽어야 하는 날을 구하시오.

Jumping Up! 창의성!

✎ 우리 생활 주변에는 정비례와 반비례 관계를 적용시킬 수 있는 상황들이 많이 있습니다. 아래 진아의 일기를 참고하여 정비례와 반비례의 관계가 각각 1개 이상 나타난 짧은 이야기를 한 편 써 봅시다.

〈진아의 일기〉

지난 2주간 학교에서 '잔반 없는 날' 행사를 하였다. 급식을 하는 날 중에서 잔반을 남기지 않을 때마다 칭찬 스티커를 한 개씩 받았다. 받은 스티커는 교실 뒤쪽의 스티커 모음판에 붙였다. 스티커를 하나씩 모을 때마다 내 건강과 환경을 위해서 좋은 일을 했다는 생각에 뿌듯한 기분이 들었다.

오늘 아침에 선생님께서 '잔반 없는 날'에 참여하여 스티커 10개를 모은 학생들에 대한 상으로 20권의 공책을 준비했다고 하셨다. 선생님께서 스티커 모음판을 보시더니 나를 포함한 4명의 친구들을 부르셔서 공책을 5권씩 나누어 주셨다. 그런데 갑자기 민수가 자기도 스티커를 한 장 덜 붙였다고 선생님께 말하면서 스티커를 들고 나왔다. 그러자 선생님께서 5명에게 공책을 다시 나누어주셔서 각자 4권의 공책을 받았다. 공책 1권을 빼앗긴 것 같아 아쉬웠지만 그래도 상품을 받았다는 생각에 기분이 좋았다.

나의 실력은?

1 원주는 가족여행을 하고 있습니다. 아버지는 고속도로에서 시속 90㎞의 속도로 운전을 하고 계십니다. 이 때 차가 움직이는 시간에 따른 이동 거리는 정비례 상황인지 반비례 상황인지 설명하고, 비례식을 사용하여 1시간 30분 동안 갈 수 있는 거리를 구하시오.

1) 정비례 상황인지 반비례 상황인지 이유를 들어 설명하시오.

2) 비례식을 사용하여 1시간 30분 동안 이동한 거리를 구하시오.

2 목적지까지 남은 거리는 250㎞입니다. 차가 움직이는 속력에 따라 걸리는 시간은 정비례 상황인지 반비례 상황인지 설명하고 비례식을 사용하여 아버지께서 시속 100㎞로 운전할 때 걸리는 시간을 구하시오.

6. 여러 가지 문제

6. 여러 가지 문제(기본개념 1)

민지는 $3\frac{3}{4}$kg짜리 견과류 한통을 샀습니다. 민지네 가족은 하루에 0.15kg의 견과류를 먹는다면 며칠 동안 먹을 수 있는지 여러 가지 방법으로 설명하시오.

1 이 상황을 식으로 나타내시오.

$$3\frac{3}{4} \div 0.15$$

2 소수로 바꾸어 계산하시오.

1) $3\frac{3}{4}$은 소수로 나타내면 $3\frac{3\times25}{4\times25} = 3\frac{75}{100} = 3.75$입니다.

2) $3\frac{3}{4} \div 0.15 = 3.75 \div 0.15 = 25$입니다.

3 분수로 바꾸어 계산하시오.

1) 0.15는 분수로 나타내면 $\frac{15}{100} = \frac{3}{20}$입니다.

2) $3\frac{3}{4} \div 0.15 = 3\frac{3}{4} \div \frac{3}{20} = \frac{15}{4} \div \frac{3}{20} = \frac{15}{4} \times \frac{20}{3} = 25$입니다.

정리해 볼까요?

$$3\frac{3}{4}kg \div 0.15kg을\ 계산하는\ 방법\ 설명하기$$

분수를 소수로 바꾸어 계산하면 $3\frac{3}{4} = 3.75$이므로 $3\frac{3}{4} \div 0.15 = 3.75 \div 0.15 = 25$입니다.

소수를 분수로 바꾸어 계산하면 $0.15 = \frac{15}{100} = \frac{3}{20}$이므로 $3\frac{3}{4} \div 0.15 = 3\frac{3}{4} \div \frac{3}{20} = \frac{15}{4} \div \frac{20}{3} = \frac{15}{4} \times \frac{20}{3} = 25$입니다.

첫걸음 가볍게!

✏️ 세령이는 어머니와 함께 넓이가 $12\frac{3}{5}$ m²인 직사각형 모양의 꽃밭을 만들었습니다. 이 때 가로의 길이가 2.4m였다면 꽃밭의 세로의 길이는 얼마인지 여러 가지 방법으로 설명하시오.

1 위 상황을 식으로 나타내시오.

2 소수로 바꾸어 계산하시오.

$12\frac{3}{5}$은 소수로 나타내면 $12\frac{3\times\boxed{}}{5\times\boxed{}} = 12\frac{\boxed{}}{10} = \boxed{}$입니다. $12\frac{3}{5} \div 2.4 = \boxed{} \div$

$2.4 = \boxed{}$입니다.

3 분수로 바꾸어 계산하시오.

2.4는 분수로 나타내면 $\boxed{}$입니다. $12\frac{3}{5} \div 2.4 = 12\frac{3}{5} \div \boxed{} = \frac{63}{5} \div \boxed{} = \frac{63}{5} \times$

$\boxed{} = \frac{63\times10}{5\times24} = \frac{630}{120} = \frac{21}{4} = \boxed{}$입니다.

4 $12\frac{3}{5} \div 2.4$를 여러 가지 방법으로 설명하시오.

1) $\boxed{}$로 바꾸어 계산하기 위하여 $12\frac{3}{5}$을 소수로 나타내면 $12\frac{3\times2}{5\times2} = 12\frac{6}{10} = 12.6$입니다. 따라

서 $12\frac{3}{5} \div 2.4 = 12.6 \div 2.4 = 5.25$입니다.

2) $\boxed{}$로 바꾸어 계산하기 위하여 2.4를 분수로 나타내면 $2\frac{4}{10}$입니다. 따라서 $12\frac{3}{5} \div 2.4 = 12\frac{3}{5}$

$\div 2\frac{4}{10} = \frac{63}{5} \div \frac{24}{10} = \frac{63}{5} \times \frac{10}{24} = \frac{63\times10}{5\times24} = \frac{630}{120} = \frac{21}{4}$입니다.

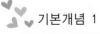

한 걸음 두 걸음!

✏️ 철호는 어머니와 함께 생일잔치를 준비하고 있습니다. 어머니께서 만드신 식혜 $3\frac{7}{10}$ L와 마트에서 산 오렌지주스 4.5L를 10명이서 똑같이 나누어 먹으려고 합니다. 한 사람이 마실 수 있는 음료수의 양은 얼마인지 여러 가지 방법으로 설명하시오.

1 위 상황을 식으로 나타내시오.

2 소수로 바꾸어 계산하시오.

$3\frac{7}{10}$ 은 소수로 나타내면 [   ] 입니다. ($3\frac{7}{10}$ + 4.5) ÷ 10 = _____

_____(L)입니다.

3 분수로 바꾸어 계산하시오.

4.5는 분수로 나타내면 [   ] 입니다. ($3\frac{7}{10}$ + 4.5) ÷ 10 = _____

_____(L)입니다.

4 ($3\frac{7}{10}$ + 4.5) ÷ 10을 여러 가지 방법으로 설명하시오.

$3\frac{7}{10}$ 은 소수로 나타내면 3.7입니다. 따라서 ($3\frac{7}{10}$ + 4.5) ÷ 10 = (3.7 + 4.5) ÷ 10 = 8.2 ÷ 10 = [   ]

(L)입니다.

4.5는 분수로 나타내면 $4\frac{5}{10}$ 입니다. 따라서 ($3\frac{7}{10}$ + 4.5) ÷ 10 = ($3\frac{7}{10}$ + $4\frac{5}{10}$) ÷ 10 = ($\frac{37}{10}$ + $\frac{45}{10}$) ÷ 10 = $\frac{82}{10}$

÷ 10 = [   ] (L)입니다.

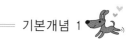

도전! 서술형!

✏️ 도영이는 집에서 13.4km 거리에 있는 할머니 댁까지 가려고 합니다. 버스를 타고 간 거리는 5.4km이고 지하철을 타고 간 거리는 $6\frac{3}{10}$km입니다. 나머지 거리는 걸어서 간 거리입니다. 도영이가 걸어간 거리는 얼마인지 여러 가지 방법으로 구하시오.

1 위 상황을 식으로 나타내시오.

2 소수로 바꾸어 계산하시오.

3 분수로 바꾸어 계산하시오.

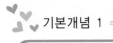

실전! 서술형!

빨간색 페인트 5.2L와 흰 색 페인트 $4\frac{3}{8}$L를 섞어 분홍색 페인트를 만들었습니다. 분홍색 페인트를 두 명이 똑같이 나누어 벽을 칠한다면 한 사람이 칠할 수 있는 분홍색 페인트의 양은 얼마인지 여러 가지 방법으로 설명하시오.

6. 여러 가지 문제(기본개념 2)

개념 쏙쏙!

주어진 모양을 보고 규칙을 찾아
설명하시오.

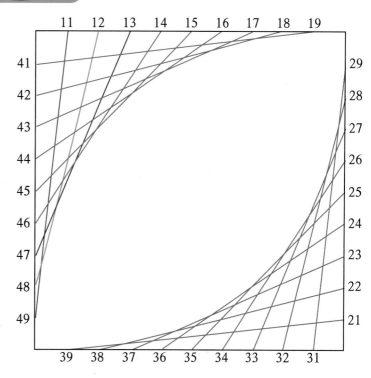

1 각 선분의 양쪽 끝의 수를 찾으시오.

빨간색 선분의 양쪽 끝에 있는 수는 [ ]과(와) [ ]입니다.

초록색 선분의 양쪽 끝에 있는 수는 [ ]과(와) [ ]입니다.

보라색 선분의 양쪽 끝에 있는 수는 [ ]과(와) [ ]입니다.

2 선분의 양쪽 끝에 있는 수와 관련하여 찾은 규칙을 설명하시오.

선분의 양쪽 끝에 있는 두 수의 합이 [ ]이 되는 규칙입니다.

정리해 볼까요?

주어진 모양의 규칙 찾기

각 선분의 양쪽 끝에 있는 수는 [ ]과(와) [ ], [ ]과(와) [ ], [ ]

과(와) [ ] 등이 있고 이 수들의 합은 [ ]이 되는 규칙입니다

첫걸음 가볍게!

🖊 주어진 모양을 보고 규칙을 찾아 설명하시오.

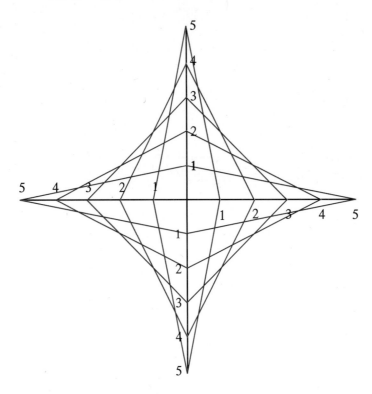

1 각 선분의 양쪽 끝의 수를 찾으시오.

> 각 선분의 양쪽 끝에 있는 수는 [　　] 과(와) [　　] , [　　] 과(와) [　　] , [　　]
>
> 과(와) [　　] , [　　] 과(와) [　　] , [　　] 과(와) [　　] 입니다.

2 선분의 양쪽 끝에 있는 수와 관련하여 찾은 규칙을 설명하시오.

> 선분의 양쪽 끝에 있는 두 수의 합이 [　　] 이 되는 규칙입니다.

3 주어진 모양을 보고 규칙을 찾아 설명하시오.

> 각 선분의 양쪽 끝에 있는 수는 1과 5, 2와 4, 3과 3, 4와 2, 5와 1입니다. 선분의 양쪽 끝에 있는 두 수의 합이
>
> [　　] 이 되는 규칙입니다.

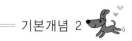

한 걸음 두 걸음!

✏️ 주어진 모양을 보고 규칙을 찾아 설명하시오.

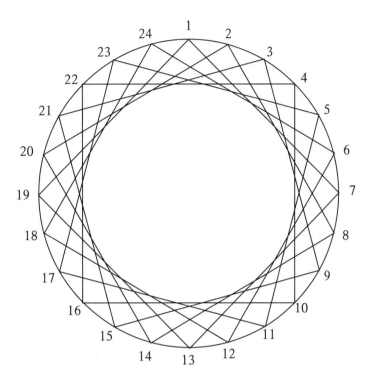

1 각 선분의 양쪽 끝의 수를 찾으시오.

각 선분의 양쪽 끝에 있는 수는 ___ _____

_____ 등이 있습니다.

2 선분의 양쪽 끝에 있는 수와 관련하여 찾은 규칙을 설명하시오.

선분의 양쪽 끝에 있는 _____이 되는 규칙입니다.

3 주어진 모양을 보고 규칙을 찾아 설명하시오.

각 선분의 양쪽 끝에 있는 수는 _____등이

있습니다. 선분의 양쪽 끝에 있는 _____이 되는 규칙입니다.

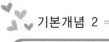

주어진 모양을 보고 규칙을 찾아 설명하시오.

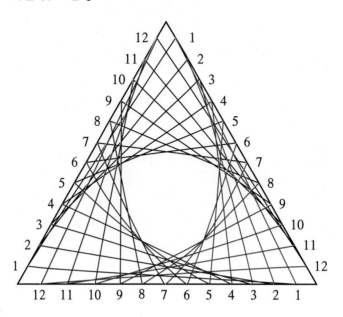

1 각 선분의 양쪽 끝의 수를 찾으시오.

2 선분의 양쪽 끝에 있는 수와 관련하여 찾은 규칙을 설명하시오.

실전! 서술형!

✐ 주어진 모양을 보고 규칙을 찾아 설명하시오.

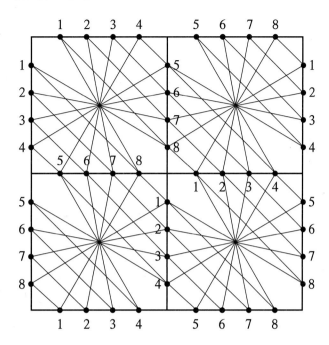

Jumping Up! 창의성!

1 다음 도형을 똑같은 모양이 4개가 되도록 여러 가지 방법으로 나누시오.

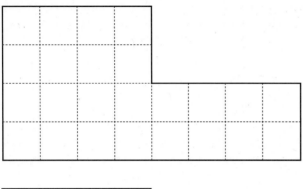

2 다음 정육면체를 직선으로 3번만 잘라서 똑같은 모양이 8개가 되도록 나누시오.

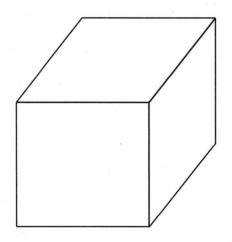

나의 실력은?

1 사다리꼴의 넓이는 3.24cm²입니다. 사다리꼴의 높이를 구하시오.

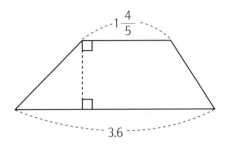

2 주어진 모양을 보고 규칙을 찾아 설명하시오.

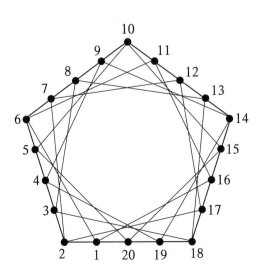

6-2

정답 및 해설

1. 쌓기나무

개념 쏙쏙!

1 4, 1, 2, 2, 1, 10

2 5, 3, 1, 1, 10

정리해 볼까요? 4, 1, 2, 2, 1, 10, 5, 3, 1, 1, 10

첫걸음 가볍게!

1 2, 4, 2, 1, 1, 10

2 5, 3, 1, 1, 10

3 2, 4, 2, 1, 1, 10, 5, 3, 1, 1, 10

한 걸음 두 걸음!

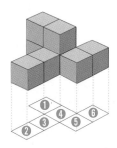

왼쪽 그림과 같이 각 칸에 번호를 붙인 경우

1 ①번 자리에 2개, ②번 자리에 1개, ③번 자리에 1개, ④번 자리에 2개, ⑤번 자리에 1개, ⑥번 자리에 1개, 8 (※ 각 칸에 붙인 번호가 다를 경우 설명이 달라질 수 있음.)

2 1층에 6개, 2층에 2개, 8

3 ① 각 자리에 쌓은 ② 각 층에 쌓은

도전! 서술형!

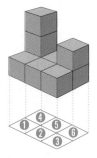

왼쪽 그림과 같이 각 칸에 번호를 붙인 경우(※ 1번과 2번이 바뀌어도 됨)

1 각 자리에 쌓은, ①번 자리에 1개, ②번 자리에 1개, ③번 자리에 1개, ④번 자리에 3개, ⑤번 자리에 1개, ⑥번 자리에 2개입니다. 따라서 모두 9개입니다.

(※ 각 칸에 붙인 번호가 다를 경우 설명이 달라질 수 있음.)

2 각 층에 쌓은, 1층에 6개, 2층에 2개, 3층에 1개입니다. 따라서 모두 9개입니다.

10쪽 **실전! 서술형!**

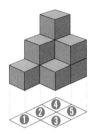

왼쪽 그림과 같이 각 칸에 번호를 붙인 경우(※ 1번과 2번이 바뀌어도 됨)

1 각 자리에 쌓은 쌓기나무의 수로 알아보면 ①번 자리에 1개, ②번 자리에 2개, ③번 자리에 1개, ④번 자리에 3개, ⑤번 자리에 2개입니다. 따라서 모두 9개입니다.

(※ 각 칸에 붙인 번호가 다를 경우 설명이 달라질 수 있음.)

2 각 층에 쌓은 쌓기나무의 수로 알아보면 1층에 5개, 2층에 3개, 3층에 1개입니다. 따라서 모두 9개입니다.

12쪽 **첫걸음 가볍게!**

1 ①, ③

2 3, 1, 2, 1, , 2,

3 3, 1, 2, 2

13쪽 **한 걸음 두 걸음!**

1

2 ①번은 ④번의 3개로 가려져 있어서, ①번의 개수는 3개보다 적은 1개에서 2개, 1

3 ①번은 ④번의 3개로 가려져 있어서, ①번의 개수는 3개보다 적은 1개에서 2개, ②번의 2개로 인해, 1,

도전! 서술형!

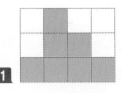 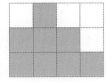

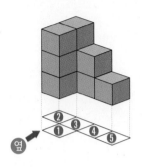

2 왼쪽 그림과 같이 각 칸에 번호를 붙인 경우

②번은 ①번의 3개로 가려져 있어서 몇 개인지 알 수 없습니다. ①번의 쌓기나무가 3개이므로 그 뒤에 있는 ②번의 쌓기나무의 수는 3개보다 적은 1개에서 2개로 추측해 볼 수 있습니다. 따라서 나올 수 있는 앞면의 모양은 모두 2가지입니다.

실전! 서술형!

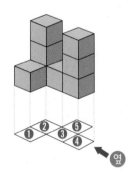

왼쪽 그림과 같이 각 칸에 번호를 붙인 경우

⑤번은 ④번의 3개로 가려져 있어서 몇 개인지 알 수 없습니다. ④번의 쌓기나무가 3개이므로 그 뒤에 있는 ⑤번의 쌓기나무의 수는 3개보다 적은 1개에서 2개로 추측해 볼 수 있습니다. 따라서 나올 수 있는 앞면의 모양은 모두 2가지입니다

첫걸음 가볍게!

1 3, 2, 3

2 1, 3, 1, 12

3 3, 2, 1, 3, 1, 12

한 걸음 두 걸음!

1 ①번이 4개, ④번이 2개

2 1, 2, ②번과 ③번이 1개인 경우인 8개

3 ①번이 4개이고 ④번이 2개, 1, 2, ②번과 ③번이 1개인 경우인 8개

19쪽
도전! 서술형!

1 앞에서 본 모양에서 ⑥번, 옆에서 본 모양에서 ①번은 1개입니다. 앞에서 본 모양에서 ②번, ④번 중의 한 가지는 3개이고 옆에서 본 모양에서 ④번이 3개라는 것을 알 수 있습니다. 앞에서 본 모양에서 ③번, ⑤번 중의 한 가지 2개이고 옆에서 본 모양에서 ③번이 2개라는 것을 알 수 있습니다.

2 앞에서 본 모양에서 ⑤번은 2개보다 많을 수가 없고 옆에서 본 모양에서 ②번은 2개보다 많을 수가 없습니다. 따라서 ②번과 ⑤번은 1개~2개이고 가장 적은 경우는 ②번, ⑤번이 1개인 경우인 9개입니다.

20쪽
실전! 서술형!

왼쪽 그림과 같이 각 칸에 번호를 붙인 경우

위에서 본 모양에서 각 자리에 번호를 왼쪽과 같이 붙입니다.

앞에서 본 모양에서 ④번은 항상 1개입니다.

옆에서 본 모양에서 ②번, ⑥번은 항상 1개입니다.

앞에서 본 모양에서 ①번과 ③번 중 한 가지는 3개입니다. 만약 ①번이 3개이면 ③번은 1개가 되면 되고, 옆에서 본 모양에서 ⑦번은 1개가 되어도 됩니다. 그리고 ⑤번은 3개가 되어야 합니다. 만약 ③번이 3개이면 ①번은 1개가 되면 되고, 옆에서 본 모양에서 ⑤번은 1개가 되어도 됩니다. 그리고 ⑦번은 3개가 되어야 합니다.

따라서 쌓기나무가 가장 적은 경우의 쌓기나무 수는 11개입니다.

21쪽
Jumping Up! 창의성!

	앞에서 본 모양	옆에서 본 모양	펜토미노
1	그림 생략	그림 생략	㉠
2	그림 생략	그림 생략	㉡, ㉢, ㉤
3	그림 생략	그림 생략	㉮, ㉯, ㉰, ㉱, ㉲, ㉳
4	그림 생략	그림 생략	㉭
5	그림 생략	그림 생략	㉣

1

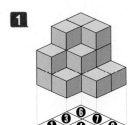

왼쪽 그림과 같이 각 칸에 번호를 붙인 경우

각 자리에 쌓은 쌓기나무의 수로 알아보면 ①번 자리에 2개, ②번 자리에 1개, ③번 자리에 3개, ④번 자리에 2개, ⑤번 사리에 1개, ⑥번 사리에 3개, ⑦번 사리에 3개, ⑧번 사리에 1개입니다. 따라서 모두 16개입니다. (※ 각 칸에 붙인 번호가 다를 경우 설명이 달라질 수 있음.)

각 층에 쌓은 쌓기나무의 수로 알아보면 1층에 8개, 2층에 5개, 3층에 3개입니다. 따라서 모두 16개입니다.

2

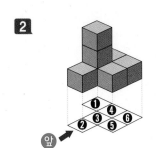

왼쪽 그림과 같이 각 칸에 번호를 붙인 경우

①번은 ③번의 3개에 가려져 있어서 몇 개인지 알 수 없습니다. ③번의 쌓기나무가 3개이므로 그 뒤에 있는 ①번의 쌓기나무의 수는 3개보다 적은 1개에서 2개로 추측해 볼 수 있습니다. 따라서 나올 수 있는 앞에서 본 모양은 모두 2가지입니다.

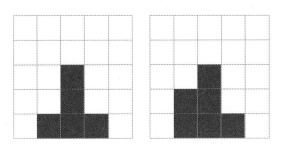

3

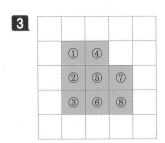

왼쪽 그림과 같이 각 칸에 번호를 붙인 경우

위에서 본 모양에서 각 자리에 번호를 왼쪽과 같이 붙입니다. 앞에서 본 모양에서 ⑦번, ⑧번은 항상 1개입니다. 옆에서 본 모양에서 ①번, ④번은 항상 1개입니다.

앞에서 본 모양에서 ②번과 ③번 중 한 가지는 2개입니다. 만약 ②번이 2개이면 ③번은 1개가 되면 되고, 옆에서 본 모양에서 ⑤번은 1개가 되어도 됩니다. 그리고 ⑥번은 2개가 되어야 합니다. 만약 ③번이 2개이면 ②번은 1개가 되면 되고, 옆에서 본 모양에서 ⑥번은 1개가 되어도 됩니다. 그리고 ⑤번은 2개가 되어야 합니다. 따라서 쌓기나무가 가장 적은 경우의 쌓기나무 수는 10개입니다.

2. 비례식과 비례배분

27쪽 **첫걸음 가볍게!**

1 전항, 후항, 3, 3, 3, 10000

2 외항의 곱, 내항의 곱, 21 × □, 30000 × 7, 10000

3 ① 전항, 후항, 3, 3, 3, 10000 ② 외항의 곱, 내항의 곱, 21 × □, 30000 × 7, 10000

28쪽 **한 걸음 두 걸음!**

1 따라서 15 : 1.2의 전항과 후항에 각각 8을 곱하면, 15 × 8 : 1.2 × 8 = 120 : 9.6입니다, 9.6

2 비례식을 세우면 15 : 1.2 = 120 : □입니다. 외항의 곱과 내항의 곱이 같으므로 15 × □ = 1.2 × 120입니다, 9.6

3 ① 비의 성질을 이용하여 ② 비례식을 이용하여

29쪽 **도전! 서술형!**

※ **1**, **2** 의 순서는 바뀌어도 됩니다.

1 비의 성질을 이용하여

배의 무게를 구하면 6 : 10의 전항과 후항에 각각 5를 곱해야 합니다. 6 × 5 : 10 × 5 = 30 : 50이므로 배 30개의 무게는 50(kg)입니다.

2 비례식을 이용하여

배의 무게를 구하면 배 30개의 무게를 □원이라 할 때 비례식을 세우면 6 : 10 = 30 : □입니다. 외항의 곱과 내항의 곱이 같으므로 6 × □ = 10 × 30 입니다. 따라서 □ = 50(kg)입니다.

30쪽 **실전! 서술형!**

비의 성질을 이용하여 음료수 6병의 가격을 구하면 30 : 20000의 전항과 후항에 각각 5를 나누어야 합니다. 30 ÷ 5 : 20000 ÷ 5 = 6 : 4000이므로 음료수 6병의 가격은 4000(원)입니다.

비례식을 이용하여 음료수 6병의 가격을 구하면 음료수 6병의 가격을 □원이라 할 때 비례식을 세우면 30:20000 = 6 : □입니다. 외항의 곱과

내항의 곱이 같으므로 $30 \times \square = 20000 \times 6$입니다. 따라서 $\square = 4000$(원)입니다.

32쪽 **첫걸음 가볍게!**

1 전항과 후항의 합

2 전항과 후항의 합, $\dfrac{4}{4+5}$, 16

3 전항과 후항의 합, $\dfrac{4}{4+5}$, 16

33쪽 **한 걸음 두 걸음!**

1 주어진 비의 전항과 후항의 합을 분모로 하는 분수의 비

2 주어진 비의 전항과 후항의 합을 분모로 하는 분수의 비, $\dfrac{9}{9+10} \times 760$, 360

3 주어진 비의 전항과 후항의 합을 분모로 하는 분수의 비, $\dfrac{9}{9+10} \times 760 = \dfrac{9}{19} \times 760 = 360$

34쪽 **도전! 서술형!**

1 비례배분을 할 때에는 주어진 비의 전항과 후항의 합을 분모로 하는 분수의 비로 계산해야 하는데, 전항과 후항의 곱을 분모로 하는 분수의 비로 사과의 수를 구했습니다.

2 비례배분을 할 때에는 주어진 비의 전항과 후항의 합을 분모로 하는 분수의 비로 계산해야 하므로 $\dfrac{3}{3+4} \times 84$를 해야 합니다. 따라서 지현이네 가족이 받을 사과의 수는 $\dfrac{3}{3+4} \times 84 = \dfrac{3}{7} \times 84 = 36$(개)입니다.

35쪽 **실전! 서술형!**

잘못된 점 : 비례배분을 할 때에는 주어진 비의 전항과 후항의 합을 분모로 하는 분수의 비로 계산해야 하는데, 남학생과 여학생의 비를 비율로 나타내어 형이 낼 돈을 구했습니다.

형이 낼 돈 : $\dfrac{3}{3+2} \times 30,000 = \dfrac{3}{5} \times 30,000 = 18,000$(원)

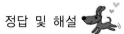

36쪽 **Jumping Up! 창의성!**

1 9, 6, 2

2 18, 18, 9, 6, 2, 9, 6, 2

 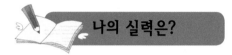

38쪽

1 방법 ①, ②의 순서는 바뀌어도 됩니다.

방법 ① 비의 성질을 이용하기

500 : 6의 전항과 후항에 각각 3을 곱합니다. 500 × 3 : 6 × 3 = 1500 : 18이므로 밀가루 1.5kg으로 만들 수 있는 빵의 수는 18(개)입니다.

방법 ② 비례식을 이용하기

밀가루 1.5kg으로 만들 수 있는 빵의 수를 □개라고 할 때 비례식을 세우면 500 : 6 = 1500 : □입니다. 외항의 곱과 내항의 곱이 같으므로 500 × □ = 6 × 1500 입니다. 따라서 □ = 18(개)입니다.

2 **잘못된 점** : 비례배분을 할 때에는 주어진 비의 전항과 후항의 합을 분모로 하는 분수의 비로 계산해야 하는데, 전항과 후항의 곱을 분모로 하는 분수의 비로 동생이 먹을 딸기의 양을 구했습니다.

동생이 먹을 딸기의 양 : $\frac{2}{3+2} \times 1.2 = \frac{2}{5} \times \frac{12}{10} = \frac{24}{50} = \frac{48}{100} = 0.48(kg)$

3. 원기둥, 원뿔, 구

42쪽 **개념 쏙쏙**

2 가, 나, 다, 라

3 가, 나, 다

4 나

5 나

정리해 볼까요? 나, 나

43쪽 **첫걸음 가볍게!**

1 원, 굽은

2 나, 다, 마, 바

3 마

4 마

5 마, 마

44쪽 **한 걸음 두 걸음!**

1 서로 평행하고 합동

2 가, 다, 라, 마

3 다, 라, 마

4 다, 라

5 다, 라

6 다와 라, 다와 라, 두 밑면이 서로 평행하고 합동인 원으로 되어 있는 기둥 모양

45쪽 **도전! 서술형!**

원뿔은 라 도형입니다. 왜냐하면 라 도형은 밑면이 하나의 원이고 옆면이 굽은 면인 둥근 뿔 모양의 도형이기 때문입니다.

45쪽 **실전! 서술형!**

원기둥은 라 도형입니다. 왜냐하면 라 도형은 두 밑면이 서로 평행하고 합동인 원으로 되어 있는 기둥모양이기 때문입니다.

47쪽 **첫걸음 가볍게!**

1 입체도형, 원

2 밑면, 꼭짓점, 모선

3 입체도형, 원, 밑면의 수, 꼭짓점의 수, 모선의 수

48쪽 **한 걸음 두 걸음!**

1 입체도형, 밑면, 기둥모양, 옆면

2 밑면의 모양, 삼각형, 원, 옆면의 모양, 직사각형, 굽은 면, 옆면의 수, 3, 1

3 입체도형이고 밑면이 2개이고 평행이며 합동입니다. 또한 기둥모양이고 옆면이 있습니다.

　　밑면의 모양, 옆면의 모양, 옆면의 수가 다릅니다.

49쪽 **도전! 서술형!**

1 입체도형입니다. 밑면이 1개입니다. 등

2 밑면의 모양이 다릅니다. 꼭짓점의 수가 다릅니다. 옆면의 모양과 수가 다릅니다. 등

50쪽 **실전! 서술형!**

1 공통점은 입체도형이고 가로로 잘랐을 때의 단면의 모양이 원입니다. 차이점은 밑면의 수, 옆면의 수입니다. 등

2 공통점은 두 도형은 모두 입체도형이고 밑면의 모양이 원입니다. 또한 가로로 잘랐을 때의 단면이 원입니다. 차이점은 밑면의 수가

다르고 꼭짓점의 수가 다릅니다. 등

52쪽　**첫걸음 가볍게!**

1　한 밑면의 넓이, 옆면의 넓이

2　한 밑면의 넓이, 2, 옆면의 넓이, 720

3　한 밑면의 넓이, 옆면의 넓이, 한 밑면의 넓이, 2, 옆면의 넓이, 720

53쪽　**한 걸음 두 걸음!**

1　한 밑면의 넓이 × 2 + 옆면의 넓이

2　한 밑면의 넓이 × 2 + 옆면의 넓이, $(8 \times 8 \times 3) \times 2 + 8 \times 2 \times 3 \times 20$, 1344

3　한 밑면의 넓이 × 2 + 옆면의 넓이, $(8 \times 8 \times 3) \times 2 + 8 \times 2 \times 3 \times 20$, 1344

54쪽　**도전! 서술형!**

1　원기둥의 겉넓이에서 옆면의 넓이를 구할 때 밑면의 넓이 × 원기둥의 높이를 하였습니다.

2　원기둥의 겉넓이는 한 밑면의 넓이 × 2 + 옆면의 넓이이므로 $(3 \times 3 \times 3 \times 2) + (2 \times 3 \times 3) \times 11 = 252\text{cm}^2$입니다.

55쪽　**실전! 서술형!**

잘못된 점 : 원기둥의 겉넓이를 구할 때 밑면은 두 개가 있으므로 한 밑면의 넓이×2를 해야 하는데, 밑면의 넓이를 한 개만 구하였습니다.

원기둥의 겉넓이 : 한 밑면의 넓이 × 2 + 옆면의 넓이이므로 $(5 \times 5 \times 3) \times 2 + 5 \times 2 \times 3 \times 10 = 450\text{cm}^2$

57쪽　**첫걸음 가볍게!**

1　한 밑면의 넓이, 높이, 반지름, 반지름, 높이

2　한 밑면의 넓이, 높이, 반지름, 반지름, 높이, 600

3　한 밑면의 넓이, 높이, 반지름, 반지름, 원주율, 높이, 600

58쪽 **한 걸음 두 걸음!**

1 한 밑면의 넓이 × 높이 즉 반지름 × 반지름 × 원주율 × 높이

2 한 밑면의 넓이 × 높이 즉 반지름 × 반지름 × 원주율 × 높이, $8 \times 8 \times 3 \times 5, 960$

3 한 밑면의 넓이 × 높이 즉 반지름 × 반지름 × 원주율 × 높이, $8 \times 8 \times 3 \times 5, 960$

59쪽 **도전! 서술형!**

1 원기둥의 부피는 반지름 × 반지름 × 원주율 × 높이인데 지름과 높이를 바꾸어 계산하였습니다.

2 원기둥의 부피는 $3 \times 3 \times 3 \times 14 = 378$(㎤)입니다.

60쪽 **실전! 서술형!**

잘못된 점 : 원기둥의 부피는 한 밑면의 넓이 × 높이, 즉 반지름 × 반지름 × 원주율 × 높이인데 반지름을 지름으로 바꾸어 계산하였습니다.

원기둥의 부피 : $6 \times 6 \times 3 \times 7 = 756$(㎤)

61쪽 **Jumping Up! 창의성!**

만든 도형	옆면의 길이	옆면의 넓이
삼각기둥	46.5cm	912㎠
사각기둥	40cm	800㎠
원기둥	35.4cm	708㎠

원기둥, 원기둥

1 원뿔은 가 도형입니다. 왜냐하면 가 도형은 밑면이 하나의 원이고 옆면이 굽은 면인 둥근 뿔 모양의 도형이기 때문입니다.

2 (가), (나), (다) 중 두 가지를 선택할 경우

(가)와 (나)를 선택한 경우 – 공통점은 입체도형이고 가로로 잘랐을 때의 단면의 모양이 원입니다. 차이점은 밑면의 수, 옆면의 수입니다. 등

(나)와 (다)를 선택한 경우 – 공통점은 두 도형은 모두 입체도형이고 밑면의 모양이 원입니다. 또한 가로로 잘랐을 때의 단면이 원입니다. 차이점은 밑면의 수가 다르고 꼭짓점의 수가 다릅니다. 등

(가)와 (다)를 선택한 경우 – 공통점은 두 도형은 모두 입체도형이고 가로로 잘랐을 때의 단면이 원입니다. 차이점은 꼭짓점의 수, 모서리의 수, 옆면의 수가 다릅니다. 등

3 잘못된 점 : 원기둥의 겉넓이는 한 밑면의 넓이 × 2 + 옆면의 넓이로 구해야 하는데 옆면을 넓이에 두 배를 하였습니다.

원기둥의 겉넓이 : $(8 \times 8 \times 3) \times 2 + (8 \times 2 \times 3 \times 20) = 384 + 960 = 1344(\text{cm}^2)$

4 잘못된 점 : 원기둥의 부피는 한 밑면의 넓이 × 높이, 즉 반지름 × 반지름 × 원주율 × 높이인데 반지름을 지름으로 바꾸어 계산하였습니다.

원기둥의 부피 : $6 \times 6 \times 3 \times 15 = 1620(\text{cm}^3)$

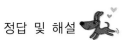

4. 비율그래프

개념 쏙쏙

2 30

3 25

4 10

5 1.5

6 $\frac{1}{3}$

첫걸음 가볍게!

2 17.5, 75.5, 7.0

2 2

2 32.5

2 중산층, 고소득층, 저소득층

(※ 고소득층과 저소득층의 순서는 바뀌어도 됨)

한 걸음 두 걸음!

1 우리 반 학생들이 좋아하는 과목

2 체육, 40 (또는 수학, 30 또는 음악, 20 또는 과학, 10)

3 과학, 4 (또는 음악, 2 또는 수학, $1\frac{1}{3}$)

4 체육, $\frac{1}{4}$(0.25) (또는 수학, $\frac{1}{3}$ 또는 음악, $\frac{1}{2}$(0.5))

5 체육, 수학, 음악, 과학

6 수학, 체육

69쪽

도전! 서술형!

1 1970년의 도시 인구 비율은 41%, 농촌 인구 비율은 59%입니다.

1980년의 도시 인구 비율은 57%, 농촌 인구 비율은 43%입니다.

1990년의 도시 인구 비율은 82%, 농촌 인구 비율은 18%입니다.

2000년의 도시 인구 비율은 88%, 농촌 인구 비율은 12%입니다.

2010년의 도시 인구 비율은 90%, 농촌 인구 비율은 10%입니다.

2 1990년의 도시 인구 비율은 1970년의 도시 인구 비율의 2배입니다.

2010년의 도시 인구 비율은 농촌 인구 비율의 9배입니다. 등

3 농촌 인구 비율은 점점 줄어들고 있습니다. 도시 인구 비율은 점점 늘어나고 있습니다. 등

70쪽

실전! 서술형!

바로 알 수 있는 사실, 비교하여 알 수 있는 사실 등을 쓰면 됩니다.

남학생 중에 30%는 봄을 좋아합니다.

남학생 중에 20%는 여름을 좋아합니다.

남학생 중에 40%는 가을을 좋아합니다.

남학생 중에 10%는 겨울을 좋아합니다. 등

가을을 좋아하는 남학생은 겨울을 좋아하는 남학생의 4배입니다.

겨울을 좋아하는 여학생 비율이 겨울을 좋아하는 남학생의 비율의 3배입니다. 등

72쪽

첫걸음 가볍게!

1 정현

2 28%

3 84

4 정현, 28%, 84

73쪽 **한 걸음 두 걸음!**

1 지희

2 응답한 수가 적은 항목

3 기타

4 지희, 응답한 수가 적으면, 기타

74쪽 **도전! 서술형!**

1 철우

2 띠그래프에 나타난 숫자는 비율이므로 피자를 좋아하는 학생과 떡을 좋아하는 학생의 차는 5명이 아닙니다.

3 간식을 좋아하는 학생의 비율의 차로 나타내면 떡을 좋아하는 학생은 피자를 좋아하는 학생보다 5%가 적습니다.

또는 인원수로 바꾸어 나타내면 피자를 좋아하는 학생은 $\frac{20}{100} \times 400 = 80$명이고, 떡을 좋아하는 학생은 $\frac{15}{100} \times 400 = 60$명입니다. 따라서 떡을 좋아하는 학생은 피자를 좋아하는 학생보다 20명이 적습니다.

75쪽 **실전! 서술형!**

해인이의 설명이 잘못되었습니다. 각 항목의 학생수는 전체인원과 비율에 따라서 학생수가 달라집니다. 즉 전체 인원이 다를 때에는 비율이 높다고 인원수가 많은 것이 아닙니다. 스마트폰 사용을 좋아하는 여학생의 수는 $\frac{45}{100} \times 200 = 90$명이고, 스마트폰 사용을 좋아하는 남학생의 수는 $\frac{40}{100} \times 300 = 120$명입니다. 따라서 스마트폰을 사용하는 여학생의 수가 남학생의 수 보다 더 적습니다.

77쪽 **첫걸음 가볍게!**

1 백분율

2
친구들이 좋아하는 계절

계절	봄	여름	가을	겨울
백분율(%)	35	15	30	20

3 100

5 제목

정리해 볼까요? 백분율, 100, 제목

78쪽 **한 걸음 두 걸음!**

1

건모가 읽은 책

종류	학습만화	위인전	창작동화	역사책	기타	합계
백분율(%)	45	15	25	10	5	100

백분율을 더하여 100%

2 제목 : [건모가 읽은 책]

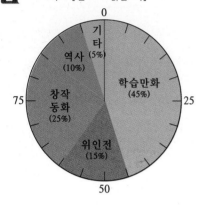

79쪽 **도전! 서술형!**

1

과일	수박	포도	참외	배	사과	딸기	합계
학생수(명)	6	4	3	5	1	1	20

2 사과와 딸기

3

과일	수박	포도	참외	배	기타	합계
학생수(명)	6	4	3	5	2	20
백분율(%)	30	20	15	25	10	100

4 제목 : [친구들이 좋아하는 과일]

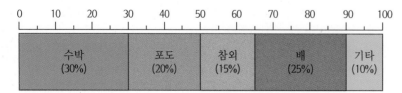

80쪽 **실전! 서술형!**

제목: [친구들이 다니는 학원]

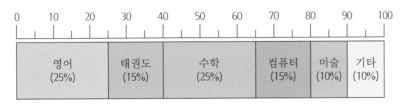

제목 : [친구들이 다니는 학원]

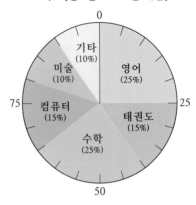

81쪽 **Jumping Up! 창의성!**

친구들이 가장 좋아하는 색깔

색깔	빨간색	주황색	노란색	초록색	파란색	남색	보라색	계
학생수(명)	42	18	32	24	52	12	20	200
백분율(%)	21	9	16	12	26	6	10	100

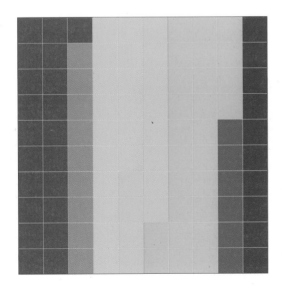

1 종이 쓰레기의 비율이 30%입니다. 플라스틱 쓰레기의 비율이 25%입니다. 종이 쓰레기는 일반쓰레기의 2배가 나옵니다. 바로 알 수 있는 사실, 비교하여 알 수 있는 사실 등을 쓰면 됩니다

2 미래가 잘못되었습니다. 띠그래프에 나타난 숫자는 비율인 %로 인원수와 다릅니다. 고래를 좋아하는 학생은 $\frac{10}{100} \times 200 = 20$명이고, 코끼리를 좋아하는 학생은 $\frac{20}{100} \times 200 = 40$명입니다. 따라서 고래를 좋아하는 학생은 코끼리를 좋아하는 학생보다 20명이 적습니다. 또는 고래를 좋아하는 학생은 코끼리를 좋아하는 학생보다 10%가 적습니다.

3

기르고 싶은 애완동물

종류	강아지	고양이	햄스터	토끼	기타	합계
학생수	50	60	40	30	20	200
백분율	25	30	20	15	10	100

제목 : [기르고 싶은 애완동물]

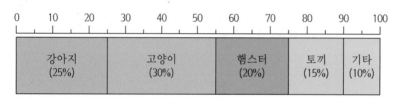

제목 : [기르고 싶은 애완동물]

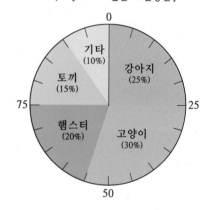

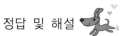

5. 정비례와 반비례

86쪽 **개념 쏙쏙**

1 정비례

87쪽 **첫걸음 가볍게!**

1 정비례

2 5분, 10분, 15분, 2개, 4개, 6개

3 $\frac{2}{5}$

4 30, 12

5 정비례, $\frac{2}{5}$, 30, 12

88쪽 **한 걸음 두 걸음!**

1 정비례

2 받을 수 있는 물의 양이 50㎖, 100㎖, 150㎖ 등으로 변하기

3 y = 50 × x

4 20, 50 × 20 = 1000

5 받을 수 있는 물의 양이 50㎖, 100㎖, 150㎖ 등으로 변하기, 정비례, y = 50 × x, 50 × 20 = 1000

89쪽 **도전! 서술형!**

1 자전거로 움직이는 시간이 10분, 20분, 30분 등으로 변할수록 이동 거리는 2km, 4km, 6km 등으로 변하기 때문에 정비례 상황입니다.

2 자전거로 움직이는 시간을 x, 이동 거리를 y라 하고 x와 y의 대응 관계를 식으로 나타내면 y = $\frac{1}{5}$ × x입니다. 1시간 30분은 분으로 나타내면 90분이므로 $\frac{1}{5}$ × 90 = 18(km)입니다.

90쪽 **실전! 서술형!**

과자의 수가 1개, 2개, 3개 등으로 변할수록 내야할 금액은 1500원, 3000원, 4500원 등으로 변하기 때문에 정비례 상황입니다. 과자의 수를 x, 내야할 금액을 y라 하고 x와 y의 대응 관계를 식으로 나타내면 y = 1500 × x입니다. 과자의 수가 6개일 때 내야할 금액은 1500 × 6 = 9000(원)입니다.

91쪽 **개념 쏙쏙!**

1 반비례

92쪽 **첫걸음 가볍게!**

1 반비례

2 60, 30, 20

3 2

4 6

5 60, 30, 20, 반비례, 2, 6

93쪽 **한 걸음 두 걸음!**

1 반비례

2 한 사람이 받는 찰흙의 개수가 20개, 10개, 5개 등으로 변하기

3 x × y = 20

4 10 × y = 20, y = 2

5 한 사람이 받는 찰흙의 개수가 20개, 10개, 5개 등으로 변하기, 반비례, x × y = 20, 10 × y = 20, 2

94쪽 **도전! 서술형!**

1 모둠별 인원이 1명, 2명, 3명 등으로 변할수록 모둠의 수는 24개, 12개, 8개 등으로 변하기 때문에 반비례 상황입니다.

2 모둠별 인원을 x, 모둠의 수를 y라 하고 x와 y의 대응 관계를 식으로 나타내면 x × y = 24 입니다. 모둠별 인원이 6명이라면 6 × y = 24입니다. 따라서 y = 4입니다.

94쪽   **실전! 서술형!**

매일 읽는 책의 쪽수가 1쪽, 2쪽, 3쪽 등으로 변할수록 책을 읽어야 하는 날은 300일, 150일, 100일 등으로 변하기 때문에 반비례 상황입니다. 매일 읽는 책의 쪽수를 x, 책을 읽어야 하는 날을 y라 하고 x와 y의 대응 관계를 식으로 나타내면 x × y = 300입니다. 하루에 읽어야 하는 책이 15쪽이라면 15 × y = 300입니다. 따라서 y = 20입니다.

95쪽   **Jumping Up! 창의성!**

이야기 속에 정비례 상황과 반비례 상황이 한 가지씩 들어가는 내용을 자유롭게 작성하면 됩니다.

나의 실력은?

96쪽

1 1) 차로 움직이는 시간이 1시간, 2시간, 3시간 등으로 변할수록 이동 거리는 90km, 180km, 270km 등으로 변하기 때문에 정비례 상황입니다.

2) 차로 움직이는 시간을 x, 이동 거리를 y라 하고 x와 y의 대응 관계를 식으로 나타내면 y = 90 × x입니다. 1시간 30분은 분수로 나타내면 $1\frac{1}{2}$시간이므로 $90 \times 1\frac{1}{2} = 135$(km)입니다.

2 차가 움직이는 속력이 시속 1km, 시속 2km, 시속 3km 등으로 변할수록 걸리는 시간은 250시간, 125시간, $83\frac{1}{3}$시간 등으로 변하기 때문에 반비례 상황입니다. 차가 움직이는 속력을 x, 걸리는 시간을 y라 하고 x와 y의 대응 관계를 식으로 나타내면 x × y = 250입니다. 차가 움직이는 속력이 시속 100km라면 100 × y = 250입니다. 따라서 y = 2.5(시간)로 걸리는 시간은 2시간 30분입니다.

6. 여러 가지 문제

99쪽 **첫걸음 가볍게!**

1 $12\dfrac{3}{5} \div 2.4$

2 2, 2, 6, 12.6, 12.6, 5.25

3 $2\dfrac{4}{10}, 2\dfrac{4}{10}, \dfrac{24}{10}, \dfrac{10}{24}, 5\dfrac{1}{4}$

4 소수, 분수

100쪽 **한 걸음 두 걸음!**

1 $(3\dfrac{7}{10} + 4.5) \div 10$

2 3.7, $(3.7 + 4.5) \div 10 = 8.2 \div 10 = 0.82$

3 $4\dfrac{5}{10}$, $(3\dfrac{7}{10} + 4\dfrac{5}{10}) \div 10 = (\dfrac{37}{10} + \dfrac{45}{10}) \div 10 = \dfrac{82}{10} \div 10 = \dfrac{82}{100}$

4 0.82, $\dfrac{82}{100}$ ($\dfrac{82}{100}$를 약분한 것도 가능)

101쪽 **도전! 서술형!**

1 $13.4 - 5.4 - 6\dfrac{3}{10}$

2 $6\dfrac{3}{10}$은 6.3입니다. 따라서 $13.4 - 5.4 - 6\dfrac{3}{10} = 13.4 - 5.4 - 6.3 = 1.7$입니다.

3 13.4는 $13\dfrac{4}{10}$이고, 5.4는 $5\dfrac{4}{10}$입니다. 따라서 $13.4 - 5.4 - 6\dfrac{3}{10} = 13\dfrac{4}{10} - 5\dfrac{4}{10} - 6\dfrac{3}{10} = \dfrac{134-54-63}{10} = \dfrac{17}{10} = 1\dfrac{7}{10}$입니다.

102쪽 **실전! 서술형!**

위 상황을 식으로 나타내면 $(5.2 + 4\dfrac{3}{8}) \div 2$입니다.

이것을 소수로 바꾸어 계산하면 $4\dfrac{3}{8}$은 4.375입니다. 따라서 $(5.2 + 4\dfrac{3}{8}) \div 2 = (5.2 + 4.375) \div 2 = 9.575 \div 2 = 4.7875$입니다.

다른 방법으로 분수로 바꾸어 계산하면 $5.2 = 5\frac{2}{10} = 5\frac{1}{5}$ 입니다.

따라서 $(5.2 + 4\frac{3}{8}) \div 2 = (5\frac{1}{5} + 4\frac{3}{8}) \div 2 = (5\frac{1\times8}{5\times8} + 4\frac{3\times5}{8\times5}) \div 2 = (5\frac{8}{40} + 4\frac{15}{40}) \div 2 = 9\frac{23}{40} \times \frac{1}{2} = \frac{383}{40} \times \frac{1}{2} = \frac{383}{80} = 4\frac{63}{80}$ 입니다.

103쪽 **개념 쏙쏙**

1 11, 49(또는 49, 11), 12, 48(또는 48, 12), 13, 47(또는 47, 13)

2 60

정리해 볼까요? 11, 49(또는 49, 11), 12, 48(또는 48, 12), 13, 47(또는 47, 13), 60

104쪽 **첫걸음 가볍게!**

1 1과 5, 2와 4, 3과 3, 4와 2, 5와 1(또는 5와 1, 4와 2, 3과 3, 2와 4, 1과 5)

2 6

3 6

105쪽 **한 걸음 두 걸음!**

1 1과 7, 2와 8, 3과 9, 24와 6, 23과 5 등 선분의 양쪽 끝에 있는 두 수를 쓰면 됨.

2 두 수의 차가 6 또는 18

3 1과 7, 2과 8, 3과 9, 24와 6, 23과 5, 두 수의 차가 6 또는 18

106쪽 **도전! 서술형!**

1 각 선분의 양쪽 끝에 있는 수는 1과 1, 2와 2, 3과 3, 4와 4, 5와 5 등이 있습니다.

2 선분의 양쪽 끝에 두 수가 같도록 선분을 연결하는 규칙입니다.

107쪽

실전! 서술형!

각 선분의 양쪽 끝에 있는 수는 1과 8, 2와 7, 3과 6 등으로 작은 사각형 안에서 두 수의 합이 9가 되는 규칙입니다.

108쪽

Jumping Up! 창의성

1

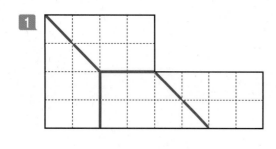

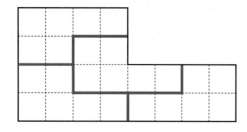

2

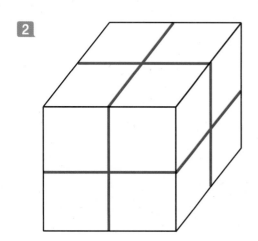

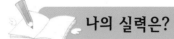
나의 실력은?

109쪽

1 소수로 바꾸어 계산하면

$(1\frac{4}{5} + 3.6) \times \square \div 2 = 3.24$이므로 $(1.8 + 3.6) \times \square \div 2 = 3.24$입니다. 따라서 $\square = 1.2$(cm)입니다.

분수로 바꾸어 계산하면

$(1\frac{4}{5} + 3.6) \times \square \div 2 = 3.24$이므로 $(1\frac{4}{5} + 3\frac{6}{10}) \times \square \div 2 = 3\frac{24}{100}$입니다. 따라서 $\square = 1\frac{2}{10}$(cm)입니다.

2 각 선분의 양쪽 끝에 있는 수는 1과 6, 2와 7, 3과 8, 1과 16, 2와 17, 3과 18 등으로 두 수의 차가 5 또는 15가 되는 규칙입니다.

저자약력

김진호

미국 컬럼비아대학교 사범대학 수학교육과
교육학박사
2007 개정 교육과정 초등수학과 집필
2009 개정 교육과정 초등수학과 집필
한국수학교육학회 학술이사
대구교육대학교 수학교육과 교수
Mathematics education in Korea Vol.1
Mathematics education in Korea Vol.2
구두스토리텔링과 수학교수법
수학교사 지식
영재성계발 종합사고력 영재수학 수준1,
수준2, 수준3, 수준4, 수준5, 수준6
질적연구 및 평가 방법론

박기범

대구교육대학교 초등수학교육 석사
영재성계발 종합사고력 영재수학 수준3
2016 대구 달성교육지원청 아침수학 10분 출제위원
현 대구명곡초등학교 교사

완전타파
과정 중심 서술형 문제 6학년 2학기

2017년 8월 25일 1판 1쇄 인쇄
2017년 8월 30일 1판 1쇄 발행

공저자 : 김 진 호
박 기 범
발행인 : 한 정 주
발행처 : 교육과학사

저자와의
협의하에
인지생략

경기도 파주시 광인사길 71
전화(031)955-6956~8/팩스(031)955-6037
Home-page : www.kyoyookbook.co.kr
E-mail : kyoyook@chol.com
등록: 1970년 5월 18일 제2-73호

낙장·파본은 교환해 드립니다.
Printed in Korea.

정가 14,000원
ISBN 978-89-254-1212-2
ISBN 978-89-254-1119-4(세트)